天下文化
BELIEVE IN READING

我的兩個祖父都擁有一個小事業，他們的商品有固定的銷售和配送路線。

兩歲時的照片，我精采的人生正要展開！

妹妹柏妮絲和我，與慈祥雙親的合照。

對於服役於陸軍航空隊，
我感到非常自豪。

杰（Jay Van Andel）和我在二戰時的服役地點，相距有好幾英里遠，但當我們除役返鄉時，友誼卻更加深厚。我們互相承諾，要在充滿活力與勝利氣氛的美國，做一些有意義的事。

杰和我不知道該如何飛行，但這並不妨礙我們開展狼獾飛行學校（Wolverine Air Service）的事業。

當杰和我發展狼獾飛行學校時，當地的機場尚未正式開放，因此我們將飛機裝上浮筒，就像圖中這一架一樣。我們讓學生利用鄰近的大河（Grand River）河道當做起降跑道。

杰和我對於在狼獾飛行學校簡陋的辦公室中，穿著一樣的飛行夾克感到相當自豪。

當我們出海航向古巴，在長三十八英尺的「伊莉莎白」號拍照時，除了我們的水手帽之外，杰和我對於航海知識其實所知甚少。

杰與貝蒂（左）、海倫與我（右），以及華特與艾芙琳．巴斯（Walter and Evelyn Bass），在參加紐崔萊會議時，拍下這張照片。華特與艾芙琳後來成為我們第一批直銷商的其中兩位。

在安麗（Amway）成立後的幾個月，我一直忙於四處演說。

我父親將鑰匙交給貨車司機，我們認為這是擁有送貨路線，運送自家產品的開始。後來我們理解到，安麗不只是一家貨運公司而已。

當年安麗受到許多全國性媒體的注意，但早期的宣傳其實是從地方電視台開始，就像這個節目一樣。

杰和我在密西根州大湍市（Grand Rapids）市中心的黑銀廳（後來稱為市民禮堂），舉辦了第一次的大型安麗直銷商大會。

幾年之後，我和安麗的紅白藍標誌一樣，辨識度很高。

杰和我在密西根州亞達城（Ada）的第一幢安麗綜合大樓，拍下這張合照。

在安麗的草創時期，杰和我時常在直銷商會議上，共用一張講桌。

這是我的得獎演說「推銷美國」的錄音專輯封面。

杰和我相信美國風格（American Way），所以我們認為在新的安麗全球總部（最初我們稱它「自由企業中心」）前升起國旗，相當合理。

杰和我創造了「安麗工廠」（Amway Manufacturing），生產我們的第一個產品L.O.C.。對於走進工廠和員工聊天、檢視新產品，我一直樂此不疲。

在創業早期，研發家庭用品的新產品，比安麗的成長率還重要。

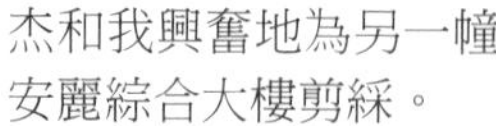

杰和我興奮地為另一幢安麗綜合大樓剪綵。

杰和我驕傲地在位於密西根州亞達城，全新的自由企業中心（目前做為安麗全球總部）前擺姿勢照相。

我們很榮幸邀請到隨後成為美國眾議員與總統的傑拉爾德．福特（Gerald Ford），替位於密西根州大湍市的安麗格蘭華都飯店（Amway Grand Plaza Hotel）落成剪綵。

我經常進場觀看奧蘭多魔術隊（Orlando Magic）的比賽。魔術隊成立於1989年，而我正和當年於選秀第一輪中選的尼克・安德森（Nick Anderson），在賽前聊天。

在1980年代早期，安麗大會的與會者，對於有愈來愈多人想要抓住機會擁有自己的事業，感到印象深刻。

我是雷根總統（President Reagan）的忠實支持者和崇拜者，對於能和他及雷根夫人同台，我非常興奮！

能和雷根總統及雷根夫人見面，我和我的家人都倍感光榮。

在密西根州大湍市的安麗年會。按照往例，我的演講變成了壓軸。

在我的一生中，我對上千個團體發表過演講，其中也包括 2004 年一場在東京巨蛋的安麗直銷商活動，當時有多達四萬人參加。

我曾被人從舞台後方拍了許多照，但熟悉我演講風格的人都知道，其實我寧願從舞台後方走出來，繞著舞台演講。

我們買了第一艘船「追風」號後，海倫適應了在船上的生活。她情願待在船上也不願意下水玩！我們許多最美好的家庭回憶，都是在出航遊玩時發生的。

心理勵志 BBPG004B

單純信念，富足心靈

安麗創辦人理查·狄維士的人生智慧

理查·狄維士 Rich DeVos

蕭美惠 譯

Simply Rich

LIFE and LESSONS from the COFOUNDER of AMWAY

我把這本書獻給我的妻子海倫，她是這本書的一部分。

沒有她的愛、耐心以及鼓勵，這本書不可能誕生。

目錄

第三部　人生豐富者

推薦序 豐富人生，從單純信念出發

劉明雄（安麗台灣總裁）

近年來台灣的社會與經濟發展，雖然並非全面倒退，但也讓人不得不承認，整體是處於停滯不前的狀態。看不見美好的明天，也讓許多年輕人對自己的未來，失去了期盼與努力的動機。「人才外流」與「22k薪資」議題，因此成為了媒體的討論焦點；「啃老族」與「靠爸族」現象，竟也屢見不鮮。

曾幾何時，「愛拚才會贏」的精神在台灣年輕人身上已不復見，取而代之的，則是熱衷於追求「小確幸」。相較於中國大陸「80後」、「90後」一代，如狼似虎般力求發展的衝勁，台灣年輕一代在全球的大舞台，似乎失去了應有的角色。

即便大環境不如預期，面對未知的將來，現代年輕人還是應該懷抱希望，勇敢追尋自己心中的夢想。理查．狄維士（Richard DeVos）先生，正是以如此單純的信念，堅持自己的理想與目標，創辦了安麗這個跨國性的企業（Amway Corporation）。

《單純信念，富足心靈》一書，是安麗創辦人理查・狄維士先生的最新著作。雖然他謙稱這不是一本完整的人生自傳，但從內容中其實可以發現，所有啟發他人生的重要觀念，以及塑造成功事業生涯的經驗，都已經記載在這本書當中。狄維士先生在書中強調的一點是，除了遵循勤奮、毅力、堅定信仰、經營家庭生活、崇尚自由企業等價值觀之外，他能夠成功的最大原因，就是「永遠懷抱幫助別人的心」。

狄維士先生自比為「啦啦隊長」，他從年輕時代起，就是一位熱衷於鼓勵群眾的人；創辦安麗之後，更是積極鼓勵所有人把握機會，勇敢實踐內心夢想。除此之外，他終身推廣的概念，正是「美國風格」（American Way）。那是一種崇尚自由、勤奮、樂觀、尊重他人的精神，這不只是美國的立國信念，更是狄維士先生一生奉行的生活態度。

從送報開始第一份工作的狄維士先生，為了提供客戶最好、最有效率的服務，他計算送報的路線，並且為此存錢買了一部二手自行車，以求快速、完美地將報紙送到客戶門廊，贏得客戶信賴。他送報給鄰近的富裕家庭，卻從來不認為自己是這個「富裕」世界裡的「窮人」，也從不憎恨或嫉妒這些客戶，而是相信自己只要透過努力工作，未來有一天也會擁有富人所擁有的生活。

狄維士先生正面積極的人生觀，也表現在他和安麗另一創辦人杰．溫安洛（Jay Van Andel）先生的航海冒險當中。他們兩人因閱讀了一本航海冒險的書，對書中描述非常嚮往，因此決定買一艘船去加勒比海旅遊。兩人因缺乏經驗，加上船隻本身的問題，他們在海上歷經船隻淹水、沉沒，甚至差一點失去生命。

但他們並未因此而放棄前往南美洲的夢想，更想盡辦法改搭其他交通工具，最後順利完成了這趟冒險之旅。面對困境，他們總是相信與其困坐著哭喊人生的種種橫逆，不如勇敢迎接挑戰，放手一試，設法解決問題。靠著單純的信念，他們為自己創造了生命中的無限可能，也幫助數以萬計的人實現夢想。

狄維士先生曾說：安麗事業是幫助那些願意幫助自己的人成功。這位全球知名的勵志演說家，以樂觀進取的態度，不畏成長時代的艱困，以及二次世界大戰的恐懼，展現出自己的創業能力，更以安麗這個橫跨全球的助人事業，幫助更多人活出精采的人生。

狄維士先生引為成功關鍵的兩句話，分別是「做一個人生豐富者」與「你可以做得到」，最後，我將其合併為一句話送給大家——「做一個人生豐富者，你可以做得到！」

誌 謝

我試著在書中留下我的人生記憶，與所學到的智慧。感謝上帝，包括那些與我並肩工作，以及一路上幫助我的人，這包括我的夥伴杰·溫安洛（Jay Van Andel）。從高中開始我們就是朋友，也一起為事業奮鬥超過五十年。我相信上帝一定眷顧著這段精采的友誼。

感謝上帝，我把這本書獻給我的太太海倫（Helen）。她與我結婚超過六十年，參與了我人生中的許多記憶及體驗。海倫在這本書中占有重要的分量，實在是再自然不過了。

所有其他數不清的榮耀，應該歸功於那些塑造了我的人生，書中提到的智慧，以及在出書計畫中付出時間和精力的人。這些人太多了，無法一一提及，但你知道我說的是你，我非常感謝你。

沒有馬克·隆斯區（Marc Longstreet）以及金·

布勒因（Kim Bruyn）兩位的幫忙，這本書無法誕生。馬克記下我受訪時說的話，並協助我將它們變成文字；金則告訴我：「你一定辦得到！」她一直鼓勵我再多寫一本書，這個計畫從頭到尾，也一直受到金的指導。

引 言

我這輩子大多時間都是啦啦隊長，高中時帶領啦啦隊，後來更鼓勵所有人把握機會及實現夢想。為了鼓勵人們，我去過幾乎每一個國家，一路上遇到數十萬名群眾。我為他們寫了這本書：世界各地數百萬名安麗直銷商，遍布全球的數千名安麗公司員工，奧蘭多魔術隊的成員與球迷，我的家鄉密西根州大湍市，以及現居地佛羅里達州中部的企業、政府和社區領袖，教會教友，基督教、政治和教育活動的領袖，在人生中與我交會的其他人，以及我繼續環球旅行時將會遇見的人。我希望他們都能喜歡我的人生旅程，以及沿途學到的心得，並從中獲得助益。

本書並不是記錄我人生點點滴滴的正式自傳。不過，這本書確實比我之前的書更加深入，包括《相信的力量》(*Believe!*)、《希望是一輩子的力量》(*Hope from My Heart*)、《扭轉人生的10句話》(*Ten Powerful*

Phrases for Positive People），而且更加完整地訴說塑造我一生，記憶最為深刻，並教導我重要人生課程的經驗。希望你們會喜歡從「幕後」看到我人生中的一些事件，各位或許都曾參與其中。如果大家能夠從中得到一些啟發，進而對人生有所幫助，我也會十分高興。

我先前的著作，大多記錄我對毅力、信仰、家庭、自由和奮發向上等價值觀的想法。我在本書也會談到這些價值觀，但回首八十八年的人生，我相信其中一個原則遠比其他重要。達到最高成就的人們，不論是成家、立業，或者只是得到實現或滿足人生目的，那些人都重視他人勝過重視自己。我能夠成功，都是靠著幫助別人。我的朋友和事業合作夥伴杰・溫安洛和我都認為，這正是我們一同創辦安麗事業的核心。如果我在本書訴說的人生故事只能給各位一個心得，我希望那是把每個人視為上帝創造的獨特個體，擁有個人才華和特別目的。這不僅是我成功的關鍵，也是我人生圓滿喜樂的關鍵。

第一部

行動、態度和環境

Simply Rich LIFE *and* LESSONS *from the* COFOUNDER *of* AMWAY

第一章 良好的成長環境

外祖父的銷售本領，在我眼中猶如魔法一般。我不知道自己是不是天生的推銷員，但我記得小時候便對外祖父和附近的其他小販感到著迷。在那個艱困的年代，他們的生計全維繫於銷售的本事。

外祖父會讓我坐上他的福特T型車，哐啷作響地開過鄰近的街道，車上載滿他一大清早跟農民買來的蔬菜水果，再挨家挨戶兜售。他很受歡迎，家庭主婦一聽到他的卡車喇叭聲，便暫停烹飪和打掃，用圍裙或抹布擦乾手，由屋裡走出來。除了他的蔬果新鮮好看之外，她們同樣喜歡他的幽默、隨和及閒話家常。

正是在這些路途上，外祖父給了我完成一筆銷售的第一個機會。我只賺到了幾分錢，但那難以忘懷的成就感，是我成長過程中的一個決定時刻。

我不能否認我的出身，我是個在「大蕭條」（Great Depression）年代成長於密西根州大湍市，一個平凡中西部小鎮的孩子。按照金錢和擁有物質的標準來看，我們幾乎是一無所有。可是，我記憶中的童年是充滿豐富體驗的快樂時光。生活友善、舒適又怡人。甚至連那種困苦年代需要的辛苦工作和犧牲，都讓我變得更加堅強，教會我重要的人生課程。我很幸運能夠在合適的環境之中成長。

大湍市：成長的故鄉

我的家和朋友的家，街上和遊樂場，教室和教堂長凳，父母和祖父母，老師和牧師，奠定了我的人生基礎。我從送報紙這件事，學會如何經營自己的事業。我由外祖父登門兜售蔬果，體會到第一筆銷售的報酬。我在高中擔任高年級學年代表時，撰寫及發表第一次演說。我的基督教信仰啟蒙，是在家庭奉獻和主日學播下種子和茁壯。恩愛的父母讓我確信恆久關係與成功合夥的重要。我由父親不斷的鼓勵獲得信心與樂觀，同時在一位睿智、體貼教師的仁慈教導下，開始思考自己是否可能成為一位領導人。

1926年3月4日我出生在大湍市，當時大湍市是個毫不起眼的美國城市。因為製造家具的公司數量之多，這裡也被稱為「家具市」（Furniture City）。我記得小時候有一張明信片寫著：「歡迎來到大湍市，世界家具之都」。流經大湍市的大河（Grand River）兩岸，林立著磚造的家具工廠，煙囪上寫著每家公司的名稱：威帝康（Widdicomb）、帝國（Imperial）、美國座墊（American Seating）、貝克（Baker）等等。在那個時候，電氣化街車叮叮噹噹開過蒙洛大道和富頓街等市區主要街道，馬路上的汽車屬於T型車的年代，火車則依然駛過河上的高架橋。沿著富頓街由市區往東幾英里，就會來到我住的地方：寧靜林蔭街道矗立著兩層樓、三房的住家，散布著傳統雜貨店，林木蓊鬱的阿奎那學院（Aquinas College）校園，還有許多可以玩耍的公園。

和大湍市其他的多數人一樣，我的家庭也是荷蘭後裔。在我家附近，仍可以聽到濃重的荷蘭口音：第一代移民依然提及還留在「鋤國」（祖國，Olt country）的家人；把英文字母「j」念成「y」，把「s」念成「z」，例如「『粑』盤子放到水『糟』就好了」（Yust put the dishes in the zink.）。最早移民到密西根州霍蘭德市（Holland），然後到鄰近較大城市，例如大湍市尋找機會的荷蘭人胼手胝足，節儉務實，篤信新教（Protestant Christian）。他們嚮往來到美國不是為了經濟因素，而是希望可以自由實現夢想。保存至今的一些荷蘭移民寫回老家的信件，吹噓著他們在美國享受的自由，而那是當時荷蘭無法想像的。舉例來說，在荷蘭，如果你出生時是烘焙師的兒子，那麼你可能一輩子都要當烘焙師。

艾伯特．范拉爾德牧師（Reverend Albertus Van Raalte）在18世紀中葉創立霍蘭德市，當地居民至今仍慶祝他們的荷蘭傳統，在一年一度的鬱金香節穿上傳統服飾和木鞋。范拉爾德牧師在一封寫給荷蘭同胞的信裡提到，到大湍市找工作的荷蘭人大多缺乏技能，也沒有受教育。幸好，許多男人可以學著成為家具工廠的熟練工匠，年輕婦女則到富裕家庭幫傭。可是，還有許多人展現另一項荷蘭特質：擁有創業精神。美國三家大型宗教出版公司，是由大湍市荷蘭後裔所創辦。荷蘭人在大湍市設立了歸正福音教會（Christian Reformed Church）的總部，並且創辦喀爾文學院（Calvin College）。賀克曼餅乾公司（The Hekman Biscuit Company）是在大湍市創立的，後來成為奇寶樂公司（Keebler Company）。你或許聽說過美國中西部一個連鎖超市，叫做梅耶爾（Meijer），以及一家國際直銷公司叫做安麗（Amway），這兩家公司都是由荷裔美國人在大湍市創立的。因此，我非常感激自己的荷蘭血統：熱愛自由、工作倫理、創業精神和堅定信仰。

大蕭條年代下的生活

我出生在「咆哮的二〇年代」（Roaring Twenties），可是對於美國急速進步到更加繁榮的動盪年代已不復記憶。我的童年記憶屬於被稱為「大蕭條」的年代。十歲的時候，小羅斯福總統（Franklin D. Roosevelt）當選連任，在就職演說裡，他提醒美國人：他看到三分之一的國人沒有住好，沒有穿好，沒有吃好。當時有四分之一的美國人失業，大部分家庭都仰賴一個人去掙錢。我的父親也失業，丟掉了電工的飯碗，有三年時間都靠打零工維持家計。我們保不住他親手建造的房屋，童年時我在那裡度過美好的數年。

我第一個家是在海倫街上，我是在家裡出生的，當時大多數家庭都負擔不起到醫院生產。第二個家是在瓦林伍德大道，我記得當時給地板打蠟是件高興的差事，因為我們很驕傲有實木地板，而不是木片地板。樓上有三間臥室，唯一的浴室在樓下，當時那附近的房子都是這樣的格局。

我的父親賽門失業時，我們和母親艾賽兒、妹妹柏妮絲，只好全家搬回海倫街祖父家樓上的房間，我記得我睡在閣樓的梁下。父親把瓦林伍德大道的房子出租，一個月租金二十五美元。儘管父母對於搬家感到很難過，但我記得我把睡在閣樓當成一種冒險。能跟祖父母共度更多時間也很有趣。當時我並不明白，不過那種體驗給了我一種觀點，並且更能感恩日後我功成名就，為我及家人提供相當舒適的生活。

在大蕭條最艱難的五個年頭，我們都住在那裡。家裡很窮，但不會比其他鄰居更窮。鄰居在自家一間臥室裡擺了一張理髮椅，我們並不覺得在鄰居家理髮有什麼奇怪的。那時候，十美分可是一筆大數目，我記得有一個青少年在家門口兜售雜誌，哭著說他沒有全部賣掉的話，就不能回家。父親老實告訴他，家裡連十美分都沒有。但對我這個孩子來說，那並不是什麼難過的日子。在緊密的社區裡，我覺得安全有保障。我們住在一個荷裔美國人社區裡，因此，我還有一種歸屬感。我在城裡東區一個名為「磚場」（Brickyard）的社區長大，因為那兒有三座磚廠就蓋在黏土山丘下，這裡是採礦製造磚塊和磁磚的地方。工廠僱用勤奮的荷蘭新移民，他們大多還不會說英語，卻在磚場找到歡迎他們的熟悉社區。

社區緊密連結，不僅是因為我們都有荷蘭血緣，許多大家庭住在一起，更因為外觀相似。房子又高又窄，多為兩層樓，在小小空地上一戶挨著一戶，只隔著窄小的車道。狹窄巷弄上的房屋櫛比鱗次，大家甚至不必踏出家門就可以跟鄰居借東西。只需要把身體探出去，就可以從窗口把東西遞出去。

除了祖父母，我的表親也住在附近。我記得和家人圍著餐桌討論，後院裡有許多玩伴的成長時光。現在，很少有祖父母和子女與孫兒住在一起，但我對祖父母的愛和智慧充滿溫馨回憶。雖然生活備嘗艱辛，可是我回憶裡的愛多過憂慮。我相信家庭是對我們影響最大的單一力量。日後我初為人父，當我回溯在家裡的成長和父母的影響，我感受到巨大的責任。成年以後，當你終於了解，創造一個合適成長環境的家庭生活需要多麼的努力時，兒時覺得自然輕鬆的事，就有了全然不同的層面。

純樸的童年玩樂

在電視、電腦和電玩等令人分心的現代產品發明之前，我們必須自己想辦法找樂子。我記得最快樂的時間，是為妹妹和玩伴想一些活動來玩。我的小妹珍記得我很會做牛奶軟糖，還可以做出許多不同的口味。我甚至做出一套繩索裝置，將軟糖由家裡廚房窗口，傳遞到鄰居家的窗口。

我喜歡運動，卻沒什麼資源，為了運動，還得花心思。我自己打造籃球架；冬天時我在一塊空地灌水，做出一個結冰的池塘，就可以去溜冰。我記得昏暗的地下室，乒乓球在混凝土地板和磚牆敲打出的回音，我教妹妹在舊煤爐旁邊的球桌打球。珍還記得我邪門的左手旋球。

我還有著與表親在街上打棒球的溫馨回憶。在不景氣的年頭，馬路上沒什麼汽車。球被打得破爛不堪，甚至必須在裡面貼上一塊布，用紗布包起來，因為在那個貧苦年代，我們籌不出錢去買一顆新球。在街上打球可能砸破鄰居的窗戶，我們可能打破過一、兩次吧。我確實記得一名怒氣沖沖的鄰居婦女，我們一定是在她的家園玩得太瘋了，讓她很生氣。她從家裡衝出來，揮舞著一把切肉刀，大聲嚷著叫我們滾出她的草坪。

一天當中最美好的時光就是聽廣播節目，像是「青蜂俠」（The Green Hornet）和「獨行俠」（The Lone Ranger）。禮拜日的午後，我們一家人會一邊玩拼圖，一邊收聽電台的一個神祕節目。等我們完成一幅拼圖，就跟親戚交換。我還記得拎著五盒拼圖，走過兩條街到一個親戚家跟他們交換拼圖。我的祖父母家裡有一張牌桌，上頭總是擺著正在拼的拼圖。屋子裡每個人總會停下來，拼一片上去，直到拼好全幅拼圖。我也讀書，可是基於購買新書的費用昂貴、數量又不多，家裡書架上有什麼我就讀什麼。書架上通常是舊書，所以我讀了《湯姆歷險記》和其他經典文學。我最喜歡的還是在每個禮拜六會拿到一分錢，我大多拿去買糖果吃。

回想人生中的童年活動，我真心地認為在許多方面來看那都是好的，環境迫使我動腦筋找樂子，並在過程之中與他人互動。這塑造了我的創意思考及發想新主意的能力，同時培養了社交技巧。現在的孩子，包括我自己的孫子女，都太專注在電腦及電子用品上，人際互動並不足夠。

我成長在電視還沒發明的年代，父母晚上讀書或看報，花時間在自己的嗜好，或者散步，孩童則在街燈下玩耍。早在後院露台流行之前，人們花更多時間在前院陽台，與路過的鄰居聊天。在空調發明之前，鄰居講話的聲音，收音機的聲音，隨著夏日微風由窗口飄揚出來。那個年代，你依然可以聽見馬車在街上發出達達的馬蹄聲，福特T型車的轟隆聲，小販的叫賣聲，送牛奶及送冰塊的哐噹聲，還有煤炭由管道掉落煤倉的啪嗒聲。

宗教信仰啟蒙

父母親在我早年時，便灌輸我堅定的工作倫理。我負責的其中一項雜務是，每天早上及晚上為火爐添加煤炭。送煤炭的人把煤堆在車道上，所以我首先要把又重、又髒灰塵又多的煤炭，一趟一趟搬進地下室，打開有裂縫的鑄鐵爐門，把煤炭鏟進火爐裡，堆在猶有餘溫的餘燼上。這項差事讓我們在冷冽的密西根冬天不致於凍著，可是，以今日暖氣機的標準來看，我們家還是很冷。我妹妹柏妮絲還記得屋子裡實在太冷了，我們在準備上學時都得站在火爐通風口前面取暖。暖氣依賴煤炭，冷藏則需要冰塊。鄰居會在窗口貼上字條，寫說需要多少磅的冰塊。我有一回跟朋友一塊去送冰，我還記得要把五十磅重（約22.7公斤）及一百磅重的冰塊搬上樓，把他們冰櫃裡的牛奶和食品挪出空間後，再放進冰塊。這些冰櫃都有一個滴水托盤，用來蒐集融化的冰水，我記得有好多次我和妹妹被叫去擦乾淹水的廚房地板，因為我們忘記清空滴水托盤了。

父母的以身作則，讓我把工作視為生活的一部分，以及成功家庭的關鍵。妹妹柏妮絲在成年以後或許還記得，她討厭為全部餐椅扶把撣灰塵，但我可不記得她還是個小姑娘時，抱怨或拒絕她身為家庭一份子該做的工作。

在我們這個荷裔美國人社區，禮拜日就是要上教堂及主日學。上教堂是你無法選擇不去的。這個社區隸屬歸正宗（Calvinist），荷蘭歸正會（Dutch

Reformed）。我們遵守一套明確的教條：榮耀你的父母，為神的工作捐款，為他人奉獻，誠實，勤奮，追求心靈。我們三餐前都要先做禱告，用餐結束後還要再讀一段《聖經》。

所有商家在禮拜日幾乎都打烊。飲酒不受到贊同，跳舞、甚至看電影都被一些教友視為浪費時間。社區的兩大教派，一個是美國歸正會（Reformed Church in America, RCA），是殖民時期由荷蘭移民引進的，還有歸正福音教會（Christian Reformed Church, CRC），是由美國歸正會分離出來的，理由為何已不可考。我們家去的教會是「更正教會」（Protestant Reformed Church, PRC），是由歸正福音教會分離出來的，是這三個教派中最嚴格、最傳統的支派。教友通常會參加在紅磚大教堂所舉行，禮拜日早晚兩場的禮拜。

在我最早的記憶裡，就已熟悉教會木頭長凳的感覺。對一個喜歡運動，以及和朋友在戶外玩耍的調皮小男生來說，端坐在教會硬板凳，試著聽懂牧師漫長的禱告和嚴肅的宣教，並不容易。等我大到可以搭朋友的車一同去教會時，我們偶爾會從教堂後面拿一份公告，沒參加禮拜就走了，再把公告拿給父母看，證明當天早上有去教堂。

雖然我一直等到成年以後才成為教會的一份子，但我確實體悟到，為何信仰及參與教會是荷蘭文化的重要一環，並受到重視。即便還是個小孩子，我也從未懷疑信仰的重要性。我從未有過一刻不相信上帝。等到中學時，我明白基督徒與非基督徒之間的差異。我感受到基督徒之間有一種氛圍——更加溫馨，更加堅定的目的與意義，相同信仰教友之間更深的聯繫。我立定決心，基督團契是我歸屬的地方。

父親成為勤奮工作典範

即便我們小孩子在玩耍嬉戲，也不能逃避經濟處於不景氣和父親失業的事實。為了養家，只要能找到差事，父親什麼都做。上班日他在一家雜貨店的儲藏室堆放麵粉袋，禮拜六在男裝店賣襪子和內衣，可是他從來不抱怨。父親是個很樂觀的人，他相信正向思考的力量，並且宣揚這種力量，儘管他自己的人生並不如他期望般成功。他讀過的書籍作者，和我現在所看的一樣：諾曼・文生・皮爾（Norman Vincent Peale）

和戴爾．卡內基（Dale Carnegie）。他的教育程度只到八年級，但他透過這些積極思考的書來學習。他總是告訴我：「你會成就大事業，你會比我還傑出。你會比我更了不起，你會看到我從未看到的。」

回想起來，在我童年的艱難年代，父親必然承受許多壓力，雖然他從不表露出來。當我回想起他以這種積極、樂觀的態度來領導家庭，樹立起傑出的典範，我希望我在年幼時，便表達出對他的仰慕和敬佩。更重要的是，我希望自己也成為子女的相同模範。我們不必試著長久陪伴子女及孫兒，但直到今日，我都努力協助子女及孫兒去過成功、有意義的生活。如今，我才能真正體會到父親對我有著相同的期許。

在他失業之後，父親鼓勵我日後自行創業。他的感想是，他無法掌控自己受雇或失業，他的命運掌握在雇主的手裡。更重要的是，父親讓我相信創業並非不可能的夢想。他總是叫我要相信個人努力的無限潛能。每當我說：「我做不到。」他就會打斷我說：「沒什麼是做不到的。」他跟我強調，「我做不到」是一種認輸的說法；「我做得到」是信心與力量的說法。父親總是提醒我：「你做得到！」那些話一直留在我腦海，終身指引著我。

或許因為我是長男，也是唯一的兒子，父親十分關愛我，陪我運動，讀書給我聽，和他一起玩嗜好。他在許多方面影響了我，對我的人生造成極大影響。父親喜歡動手修理，我記得曾看著他在地下室修理機械。他也是位遠見家和冒險家，熱愛創意，夢想著他想親眼去看的地方。因為旅行費用的關係，他去不了那些在地圖上看過的地方，不過，我倒是記得有一次全家擠進一部車，開車到黃石國家公園，那可是我們家的一次大冒險。

從送報開始第一份工作

父親對於營養的興趣，可說走在時代尖端。在大家都不知道之前，他便談論有機園藝，倡導健康飲食的好處，我們在餐桌上只准吃全麥麵包，我的妹妹們都很不愛吃。他在營養領域的獨到見解及做法，無疑影響了日後我跟未來的事業夥伴杰．溫安洛願意成為「紐崔萊」（Nutrilite）直銷商。

我很幸運，母親也給我的人生帶來好的影響。

她是個家庭主婦，無時無刻都在照顧我和妹妹。不像父親，母親說她在那幾年可沒有那麼樂觀。然而，她是一股安定的力量，把家裡整理得井然有序，準備三餐，以務實和節儉讓全家安然度過不景氣的年代。她是個親切慈愛的人，樂意助人。她教我如何做牛奶軟糖。她灌輸我工作倫理，堅持每個孩子都要分擔家事。你必須擺設餐桌、清理餐桌或洗碗。通常我都會幫媽媽把碗盤擦乾，這個例行工作讓我和媽媽每晚有時間在一起聊天，我想這是現代文化缺少的互動。

她極富巧思，總能盡量利用僅有的資源。例如，她每年都會重新擺設家具，因為我們買不起新家具，重新擺設家具至少可以讓起居室煥然一新。她對我的金錢教育也極有助益。她給了我第一個存錢筒，把我幫鄰居打零工賺來的銅板存起來。我把攢下來的銅板全都投入這個鑄鐵存錢筒，每個月母親會帶我去銀行存進我自己的帳戶。

在那個貧窮時代為了賺錢，我開始送報，回想起來這可算是我的第一份事業。為《大湍報》（*Grand Rapids Press*）送報，讓我學會負責任、盡職和努力工作以獲得報酬等各種原則。每天早上，一大綑報紙會扔在我家附近，讓這個地區的報童去送。我計算我的路線要送的份數，然後和其他報童坐在街邊摺報，塞進斜背在肩上的大布袋。我有三十到四十個客戶，而且把他們伺候得很好。我用走路在這條路線送報了好幾個月，之後我便立定目標要存錢去買一輛二手自行車，一輛黑色的施文（Schwinn），好讓我的工作更加輕鬆，送報更有效率。我還記得，用賺來及存起來的錢，實現目標買下那部單車的快感，這是我終身銘記的另一項工作酬勞的寶貴心得。我從單車上完美地將報紙扔上門廊，有時也必須下車把失手扔進草叢的報紙撿回來。我的貼心服務在每年耶誕節都獲得回報，許多客戶會額外給我二十五或五十美分，偶爾甚至拿到一美元。

每個禮拜六早晨，我必須去每一家收取報費。收到錢以後，我就在他們大門上用釘子掛著的一張小卡片打個洞。這個第一份工作教會我所有基礎，我學會必須出門爭取業務，好好照顧客戶，以及收錢和找零。

這份工作也讓我對自由和行動有了新的體悟，更別說賺小錢的方法。我送報給鄰近的富裕家庭，可是我從來不認為自己是這個「富裕」世界裡的「窮人」，也從不憎恨或嫉妒這些客戶。我明白他們過得比我們家好，但我不羡慕他們，而是抱定決心，有一天我也會擁有他們擁有的一切。我相信憑著努力工作，有朝一日我也會像他們一樣。

負責一項事業的意義

領我踏進商業世界的另一個關鍵是我的外祖父，他讓我感受到完成第一筆買賣的興奮感。祖父和外祖父都跟我們住在附近，兩人都是商人。

我的祖父經營一間小店鋪，賣雜貨和一些乾貨，還有他替客人由郵購目錄代購的生活用品與服飾。店鋪櫃台上還有零賣的糖果。店鋪正對面就是學校操場，我記得學童進來跟祖父買糖果，專注地盯著玻璃後頭一整排五顏六色的選擇，最後才決定掏出他們的一、兩分錢。

祖父的住家就在店鋪樓上，如果客人在他吃中飯或者忙別的事時進來了，他會聽見門鈴聲。如果他正在做餐前禱告時有客人上門，他會講到一半停下來喊叫說：「等一下！」說完禱詞再下樓去招呼客人。他還會駕著馬車在附近收取訂單及送貨。

我的外祖父德克，是位老式的「貨郎」（huckster），這個詞源於古老的荷蘭字，意思是「叫賣」。他每天早上開著T型車上公共市場買菜，然後沿著住家附近路線挨家挨戶兜售。每到一家，他會按門鈴、喇叭或大喊：「馬鈴薯、番茄、洋蔥、胡蘿蔔……」家庭主婦就從家裡出來跟他買菜。

外祖父跑完路線後剩下的那袋洋蔥，是我第一次販售物品，但這只是開頭而已。之後，外祖父每次剩下青菜，我就拿去賣。這需要銷售技巧和毅力，可是我樂此不疲。我從送報和分擔家庭雜務獲得的經驗和心得，讓我在幼小時就奠定根基，成為一名勤奮的工作者，有責任感，注意細節及取悅客人。我十四歲時，在家附近的加油站找到一份工作。那時候的車主依賴住家附近的小型加油站，它們大多由具有修車技術的鄰居開設。這些加油站大多在前面有兩部加油機，還有一個修車棚。許多工作人員都穿制服，戴著很像警官的帽子，襯衫領口還繫著蝴蝶結。除了加油，洗擋風玻璃和檢查油箱、水箱之外，這些加油站還提供其他保養服務，我全部都做過。

禮拜六整天我都在洗車。那時還沒有洗車機與附空調的修車廠，冬天時客人都依賴加油站幫他們洗車。洗車的費用是一美元，每洗一部車我可以拿到五十美分，所以即使是在冬天，每個禮拜六早晨我還是穿著厚重衣物，盡量多洗幾部車。當時許多道路都沒有鋪路面，車窗和門框積滿塵土，我仔細地擦拭乾淨，因為洗車細心而獲得好評。我也利用從父親那兒學到的知識，幫忙技工找汽車零件，還有做一些簡單的維修，比如更換發電機。

後來我十分受到倚重，老闆必須出城去的時候，便讓我看管加油站，即使我才不過十四歲出頭。知道有人如此信任我，這真的讓我信心倍增。我在年輕時便學會負責一項事業的意義，這個重要心得讓我終身受用無窮。

青少年時，我還在放學後到男裝店打工當銷售員。我其實是在做成年人的工作，但我很珍惜在比較專業的環境下與客戶往來的機會，我發現自己還挺擅長銷售的。我當然希望跟朋友一樣在放學後去運動，可是我需要賺錢，付給父母食宿費用，每個家庭成員都需要幫忙家計。中學的棒球教練有一次跟我說：

「我看你是個左撇子。你想來打球嗎？」我說：「我很想，可是不行。每天放學後我都要去打工，所以沒辦法練球。」

二次世界大戰下的生活

1941年12月初，一個異常暖和的禮拜日下午，我的人生出現了急轉彎。我正騎著我的施文牌單車，一個鄰居男孩在街上把我叫住：「你聽說了嗎？」

我說：「什麼事？」

他回答：「開戰了！日本人轟炸珍珠港！」

我就是這樣在12月7日知道開戰了。當然，從那時起，我們都收聽廣播和看報紙來了解戰事的推進。這一定是當天頭條新聞。羅威爾．湯瑪斯（Lowell Thomas）成為知名記者，就是因為每天晚上有十五分鐘在電台播報新聞，以及擔任電影院新聞影片的旁白。我永遠不會忘記他獨特與美妙的嗓音，為每一則報導增添急迫和激動的氣氛，也為許多美國人在二戰前從未聽說過的遙遠地方，帶來一絲浪漫。

在因大蕭條所經歷的苦難之後，二戰又造成新的物資短缺。在1941年的車款出廠之後，就再也沒有製造新汽車了。紙張、橡膠、金屬和食品等原物料全都供給短缺，因為打仗消耗太多物資。我們開闢了「勝利菜園」（譯註：Victory Gardens，也稱戰爭菜園或國防菜園，美國二戰時期在民宅或公園種植蔬菜、水果和香料，以舒緩糧食短缺），將農產品送到前線；購買日用雜貨和汽油都要用配給券。大家把自家菜園栽種的蔬果製成大量罐頭。我還記得幫母親做罐頭，一罐又一罐的番茄、酸黃瓜和其他罐頭食品，排放在蔬果窖的木頭架上。我們社區第一次真正感受到戰爭襲擊，是鄰居一位醫生的兒子在前線擔任海軍機槍手，為國捐軀了。

我開始讀高中，這是學習勤勞、盡責和正確決策的另一個轉捩點。我還是十五歲的高中新生時，父母送我去念本市一所小型的教會高中。如同大多數青少年一樣，我不懂私立中學要花很多錢，也不感激父母是多麼辛苦才能繳出學費。我每天打混、泡妞，不寫作業，也不管成績。不過，第一年我設法通過所有學科。我的拉丁老師讓我勉強及格，為的是不想再讓我重修她的課！學年結束時，父親說：「如果你要鬼混下去，我不會再花一毛錢讓你上私立學校。你可以到公立學校去打混，不會花我一分錢。」

因此，隔年他送我去念戴維斯高工（Davis Tech），學習做個電工。在這間技職學校，我被貼上「進不了大學」的標籤。那一整年過得糟透了，宛如一記警鐘，讓我明白在學校打混所損失的一切。我告訴父親，我想回去讀教會高中。

他說：「誰要來出錢呢？」

我回答：「我來。」

我打零工來賺錢，回到大湍市基督教中學（Grand Rapids Christian High School）後，我變成了好學生。我學到，比起別人給你的，你會更加珍惜自己賺來的。我還學到，決策是要自負後果的。我在學校打混帶來了不良後果，而我決定重讀基督教中學，為我這一生帶來正面效果。

終身的啦啦隊長

在大湍市基督教中學，我開始學習及培養領導技巧，增進了日後在商業上的成功。雖然打工使我不能去打球，我卻找到另一個發洩管道。學校的籃球賽沒有啦啦隊，我便決定要帶頭加油。我就站在場邊大聲加油，沿著球場做側手翻來帶動觀眾。那時我開始穿著服飾店的打工服，有時還會穿西裝打領帶做翻滾。我的動作必然給衣服的縫線造成壓力，因為有一次，當著所有學生面前，我做了一個側手翻，褲襠就裂開了。我面紅耳赤地離開球場。可是，我沒有因為那次的難堪就此怯場。

我喜歡為觀眾和球隊帶動氣氛，加油打氣成為我終身的工作。如今我依然自稱為「啦啦隊長」，因為我不斷鼓勵別人要有信心，發揮自己的才華去實現夢想。這是我成功以及幫助別人成功最重要的理由之一。

可惜的是，我在課堂上的成績不如在球場上的表現。鼓舞別人，結交朋友和社交更適合我的天性，而不是坐在教室裡。儘管我的成績有所進步，卻還是不夠好，而且我沒有目標。我的腦海裡仍存有自己當老闆的想法，可是我不知道何時或如何當老闆。

我不記得自己是如何被提名的，反正我就是參加了競選高三學年代表。距離讀戴維斯高工已經一年，我以為大家都不記得我了，不過，或許靠著當啦啦隊長的名氣，以及擅長交友提升了人氣，有些老師甚至還幫我拉票。有一天，我們老師離開教室幾分鐘，回來後跟我說：「你當選了！我太興奮了，希望你能當選，所以我一定要自己去確認一下。」

身為學年代表，我將在畢業典禮上致詞。美國剛脫離大蕭條，正在二戰對抗納粹和日軍以維護美國的生活方式。我將向數千人讚揚美國的偉大，這是世上任何其他國家都比不過的機會。即使當時那麼年輕，我依然充滿希望與樂觀。我的畢業致詞重點是，我們國家的力量和樂觀的未來。

我把畢業致詞的題目設定為：「1944年畢業生的未來有些什麼？」（What Does the Future Hold for the Class of 1944?）父親幫我在鏡子前練習，指導我的措詞、手勢、停頓的地方和強調的字眼。我十分努力準備致詞，希望激勵和我一同迎接新生活的同學。許多人要去歐洲和南太平洋加入捍衛自由的行列。我在大湍市區的教會發表致詞。我不記得自己有緊張，卻記得自認講得很好，聽眾都在鼓掌。致詞結束後，一名母親甚至告訴我：「你講得比牧師好太多了。」這在我們基督教社區裡可是崇高的讚美，因為大家唯一聽過的演講，就是禮拜日的佈道。

積極行動，擁抱希望

高中另一項經驗，改變了我的一生以及我對自己的認定。畢業時，文質彬彬，具有學者風範的聖經老師李奧納．格林威博士（Dr. Leonard Greenway），在我的畢業紀念冊寫了一句讓我銘記在心的話，即使那只是一句簡單的鼓勵話語：「做一個在神的國度有領導才華的正直年輕人。」他的話語雖然簡單，但對一個不是好學生，而且被說成不是上大學材料的年輕人來說，卻是無比的感動。我欽慕的老師視我為領導人！哇！我從來不認為自己可以做到。

多年後，我在高中同學會上遇到格林威老師。我是那次同學會的主持人，我當著全班同學面前問他，是否還記得在我的畢業紀念冊寫了些什麼？他起身，在事隔多年後一字不差地背出了那句話，我感動不已。他在我身上看到了自己還沒看出來的特質。他極富智慧，了解一句肯定的話語塑造年輕人未來的力量。直到今日，我都記得他的和藹，為了紀念他以及他對我的幫助，我不斷地用正面話語的力量去鼓勵他人。

我很幸運能在合適的環境底下成長。我擁有一個親密家庭的愛與鼓勵，父親的積極態度，兩位祖父的銷售和商業模範。我承襲了荷蘭人的最佳特質：信仰、節儉、務實的生活方式，工作倫理，以及追求自由和機會。我在擔任學年代表時鍛鍊演講和領導才華。我在教堂和教會中學培養和堅定信仰。我在送報和打工賺學費時，學到工作的價值和報酬。即便是在大蕭條的谷底，我的身邊都圍繞著懷抱毅力和希望的人們。慈愛的老師鼓勵我，我還做了啦啦隊長，直到今日我仍在擔任這種樂觀進取的角色。

在我成為知名的勵志演講人之後，我的經典演說之一就是——「三A：行動（Action）、態度（Attitude）和環境（Atmosphere）」。很多人無法採取行動，因為他們被恐懼和懷疑給包圍了。可是，我們若不採取行動，終將一事無成。行動源於積極的態度，積極的態度是在自己身處，或者自己選擇的合適環境中培養出來的。我的環境是親密家庭與社區的愛，藉由信仰和辛勤工作在大蕭條當中獲得幸福，並且緊緊擁抱美好明日的希望。不論是對我自己的孩子，我的NBA奧蘭多魔術隊球員，或是數百萬名的安麗直銷商，我不斷強調要有合適的環境。如果你身旁都是負面態度的朋友，那就離開他們去尋找正面態度的朋友，遠離可能造成負面行為及意外的地方與情況。如果你生活或工作的地方充斥負面氛圍，那就去別的地方。尋找具有正面態度，和你有著共同目標和利益的朋友、事業合夥人及導師。

正面的環境培育出正面的態度，而這需要採取積極的行動。由於我的環境，我還是個高中生的時候便享有助力，並且相信有一天會達成我的既定目標。但如同童年經驗對於塑造我的未來具有重要影響力，更重要的莫過於我在高中畢業前所認識的一個人，他用我未曾夢想過的方式改變了我的人生。而這一切源起於搭車上學的途中。

第二章 終身合夥的開始

街車轟隆隆地停在街底的那一站。我念的教會中學離家有兩英里遠，有時街車車掌看見我豎起外套衣領，帽子拉得低低的，黑色膠鞋深陷雪地裡，便會讓我免費搭便車去上學。他一定是注意到我比其他同學要走更遠的路去學校，也知道在寒風大雪之中，這段路感覺更加漫長。我有時會搭市區公車，可是公車路線穿越大湍市中心，中途要停好幾站才會抵達大湍市基督教中學。若是要花額外時間去搭公車的話，我在日出之前就得起床了。

我需要更有效率的交通方式，由於已具有創業精神，我有了一個靈感。我好幾次注意到，在家附近的東富頓街，有一輛有後座的1929年福特A型敞篷車開過去。我也留意到，同一輛車就停在學校的停車場中。我心想，搭這輛車絕對勝過坐公車、街車和徒步上學。所以有一天在學校裡，我主動去認識開那輛車的同校同學。我告訴他，我就住在他家附近兩條街外，然後問他可以搭便車上學嗎？他也具有創業精神，於是跟我說：「你可以每週付我二十五美分補貼油錢嗎？」當時汽油每加侖（約3.79公升）大約是十美分，我同意了這筆交易，可是當時我並不知道，他老早就跟其他同學收取每週二十五美分的車資。這是我和杰・溫安洛的第一筆正式商業交易，他從此成為我的終身好友及事業夥伴。

「荷蘭雙胞胎」

杰的父親詹姆士，和另一名荷蘭人約翰・菲利克馬（John Flikkema）經營溫安洛與菲利克馬汽車經銷公司（Van Andel & Flikkema），該公司直到今日仍在營業，這也是為何杰還是個青少年，便能在大蕭條時期享受自己開車的特權。我剛認識杰的時候，他是個好學和沉默的人。他是家中獨子，跟我家相比之下，我很訝異他的家裡極為安靜，父母非常保守。我很外向，不是認真的學生。杰則是保守、認真的學生，在我眼裡他可以不必讀書，就能拿到全部優等成績。所以，我最初會受到他的吸引，不是因為彼此之間有任何共同點，而是因為他的車。以前他住在城外，有幾個一同上教堂的朋友，後來他搬到我住的東富頓街，在新社區沒認識什麼朋友。

我們剛認識時可說是陌生人，彼此極不相似，不僅是在個性上，還有體型。我短小精悍，有一頭黑髮；杰則高大修長，一頭金色捲髮。我外向，他害羞；我會逗人開心，杰則富有機智，時常讓人會心一笑。我還是高一時，他是高二。他不多話，不喜歡閒言閒語，不過他很有趣，因為他喜歡普通高中生不會感興趣的話題。我或許沒耐心成為學者，可是我想要擴大自己的眼界，所以我們逐漸彼此了解，並能進行有趣的對話。

有一回搭他的車上學時，我忍不住問他：「你今晚要不要來看球賽？」我不知道他是否明白我講的是高中籃球比賽，或者他是否曾經去看過學校的球賽，沒想到他回答：「好啊，我猜一定很好玩，好的。」於是我們結伴去看籃球比賽。後來杰和我便不時去看球賽，當然在球賽時會和其他朋友碰面，賽後也一同去喝可樂吃漢堡。跟我交朋友之後，杰開始接觸到不同的人，也在學校裡有了一些朋友。我們混在一起，還一起帶女孩出去約會。

多年後，《讀者文摘》（*Reader's Digest*）的一篇文章，把我和杰形容為「荷蘭雙胞胎」（Dutch Twins）。這種說法在好幾個方面都不正確，因為我們的外貌和性格都不同；但也不算錯，因為我們的世界觀和理念極為相似。現在回想起來，我覺得杰和我的友誼很成熟，尤其是很多人從不曾彼此了解，因為他們憑著外表以及彼此個性合不來，就對別人驟下評斷。杰和我原本是不太可能在一起的朋友，但若我們永遠不試著去跟外表和舉止看起來不像自己的人做朋友，就永遠不會知道其實彼此有多麼相像。

十四歲的冒險：開車橫越美國

沒多久，杰不只結識更多朋友，還發揮他的創業才華，找到更多付費的乘客。他的A型車偶爾滿載同校學生，座椅塞不下，有人甚至站在車門外的腳踏板上，為了保住小命而用力抓緊車門。當時沒有安全帶和行車安全準則，可是杰沒有違反本市時速二十五英里的限速，警察就放我們一馬；他們可能心想，這是孩子們在大蕭條時期所能負擔得起的最佳交通方式吧。

我在家裡裝了一個籃球架，在投籃時，我會看到杰開車過來，停好車以後，並不加入打球，只是在附近閒晃。他會跟我們一同進屋子，母親會拿食物給我們吃。母親非常喜歡杰——有哪個母親會不喜歡兒子結交成熟、好學、有創業精神，還開著老爸車行汽車的朋友？杰和我的友誼日益加深。我帶給他一點生氣與活動，更從他身上學到許多，因為他很聰明。這真是再理想不過的組合了。

杰的父親後來跟我很熟，甚至給杰和我第一個合夥的機會，同時測試我們承擔大人責任的能力。當時我年僅十四歲，杰十六歲，不過，杰的父親一定很信任我們倆，認為我們具有超齡的可靠和能力。他問杰和我是否願意把兩部小型載貨卡車，由大湍市開去蒙大拿州博茲曼市（Bozeman）的一個偏僻小鎮，交給他的客戶。這還要問嗎！戰時的汽車生產，僅限於軍事用途的車輛，蒙大拿州大型農場的主人只好四處蒐購這種載貨卡車。在今日，把這種責任託付給兩個毛頭小孩，簡直是難以想像。但在二次世界大戰時，大量年輕人都到海外打仗去了，所以男孩子被期望要快快長大。戰時男孩需要去做男人的工作，因此我才能在十四歲就拿到駕照。

我的母親跟杰的父親說：「吉姆，他還沒大到可以像這樣開車橫越美國。」

「他們會沒事的，」杰的父親說，「他們是大孩子了。」

因此，在我母親不情願的祝福下，如同現在的男孩跨上單車騎到街上，我就要手握載貨卡車的方向盤，開上一千多英里的車到蒙大拿州。杰和我不斷討論與規劃行程，我猜想在興奮之餘，上路的前一天晚上我們都沒怎麼睡覺。我們醒著，腦海裡浮現大西部、高山、大草原和牧場的景象。杰和我手頭拮据，加上旅館也不多，所以我們睡在卡車後頭的稻草堆上。車子有拖車桿，所以杰和我可以一起開車，用一部卡車去拖另一部卡車。有些地方我們有熟人，便會停下來。在愛荷華州有一些歸正福音教會的人，還有一些比我們年長的孩子要去念大湍市的喀爾文學院。我們在這些人家裡稍做停留，東道主便會好好餵飽我們。其中一戶人家可能是德國後裔，於是請我們吃德國酸菜——我還記得那家人看到我第一次吃酸菜時臉上的怪表情，而大笑不止。我討厭它的味道。

從男孩蛻變為男人

在有高速公路之前的年代，汽車速限大約是四十英里，道路是兩線道，沿著郡界線鋪設。所以我們會開上好幾里路，在十字路口來個急左彎，沿著那個方向開一會兒，又再向右轉，來回重複好幾遍。當時的公路就是這個樣子，因為第一優先是農場，而不是道路。我們開過愛荷華州，再穿越南達科他州，我記得我們在湍急市（Rapid City）著名的沃爾藥店（Wall Drug Store）停車休息，然後開到惡土國家公園（Badlands National Park），看到只在教科書上看過的經典圖騰：拉什莫爾山（Mount Rushmore）。

我們由大湍市出發時，卡車輪胎幾乎都已磨平了。我記得在一個大熱天爆胎了三次。杰和我用帶來的補丁修理車胎，但一個不知名小鎮的修車廠要跟我們收五分錢，才願意幫車胎打氣。即使是五分錢也超出旅行預算，所以我們在豔陽下揮汗用手動幫浦給車胎灌氣。這是另一項我早早得到的經驗：節儉和自立自強。

這趟旅程展現出杰和我在事業和私生活裡的冒險精神。這趟行程讓我們遊歷美國，並且更深愛國家，日後這將塑造我們事業的原則及風格。杰和我還學到團隊合作，自立自強，負責任，建立信賴以及做好工作的滿足感。我們一直很享受旅行，例如日後的紐崔萊事業，需要每年前往加州公司總部兩次。杰和我喜歡開車往返加州，總是順路前往國家公園以及到山上滑雪。經由開車上學，放學後玩耍，以及展開青少年夢想的公路冒險，杰和我的友誼更加堅固。等到我高中畢業時，杰和我已親如兄弟，相當熟悉彼此的個性。我們相信，彼此是一輩子的好朋友。高三那年，杰在我的畢業紀念冊寫下：「真金不怕火煉。」（True gold never corrodes.）

我懷念那種所有年輕人都能經歷冒險的年代。我想，現在的趨勢是，許多父母或許出於恐懼及擔憂，過度保護自己的子女。這些「直升機父母」盤旋在子女的頭上，只要孩子一跌倒馬上就可以把他們扶起。如果我們不讓小孩在學會自己走路之前跌倒幾次，等於是在害他們。在今日複雜不安全的世界，根本不可能讓十四歲的孩子像杰和我一樣開車去蒙大拿州，所以我感謝父母的信任，讓我進行畢生難逢的一趟冒險。那趟旅程幫助杰和我由男孩成長為男人。我現在確信，杰和我的父親都明白這個道理。

為自由而戰

我不太記得杰和我在開車上學的途中都聊了些什麼，但我確定，我們兩人的共同心願是有朝一日能夠自己創業。不過，和這個年紀的男孩子一樣，我們比較常聊到運動、女孩或是學校的考試。我記得聊最多的是戰爭，現在很難想像，但在當時，大家談論的話題都是第二次世界大戰。除了歐洲和太平洋的戰事，什麼事都不重要。那些異國戰爭橫渡遠洋，波及生活的每個層面。我們拾起前廊的報紙，頭版頭條新聞都是打贏了一場戰役或打輸了一場戰役。黑白照片拍的是美國士兵在歐洲行軍，以及海軍陸戰隊搶灘登陸。所有的電台廣播都是奇怪地名的最新戰況，以及贏了或輸了一場戰役的意義。

電影院的電影新聞（Movietone News），播映戴著鋼盔的德軍和坦克橫行歐洲的畫面。杰對於戰爭的後勤與報導極有興趣，他有自己的看法，也熱中於討論歐洲與南太平洋，對大湍市的兩個男孩來說是如此遙遠的異國戰事。對這兩個將來秉持美國獨特的自由與創業體系，而創立一家公司的男孩來說，我相信我們對於美國為了維護自由而對抗德國與日本的獨裁體制，有著獨特的興趣。對於禮拜六早晨上電影院，看到希特勒、墨索里尼和東條英機在瘋狂群眾前昂首闊步的新聞影片的每個男孩，都明白盟軍擊敗這些敵人的重要性。他們也渴望加入戰爭，好打場勝仗。

1942年春天，杰高中畢業，我們不再只談論戰爭以及由新聞影片觀看戰爭，戰爭已成為事實。那年秋天，杰成為陸軍預備航空隊（Army Reserve Air Corps）的二等兵，後來分派到的任務是少尉，訓練B-17轟炸機的組員。杰去服役時，把他的A型車留下來給我，好讓我繼續開車上學。那是友誼、樂趣和成就的快樂時光，但在心中我明白，一旦屆滿十八歲，如同許多同齡的年輕人一樣，我也會被徵召入伍去保家衛國。1944年6月我高中畢業，7月初便加入陸軍，數週之間便由學生變成了軍人。

那個時候，每個當兵的人都和我有著相同的想法：「我們一定要贏！我要去當兵！」因為健康問題而無法服役的男人都很傷心。如果你是4F的體格，大家都會知道。如果你通過體格檢查，就會感到開心，因為知道自己可以去從軍了。現在大家或許很難置信，歷經越戰的爭議和取消徵兵制，從此之後，只有選擇當兵的人才會去打仗。我永遠不會希望美國年輕人去參戰，但我認為我們已喪失了一些寶貴的美國愛國主義，和願意為國犧牲的精神；在明白自由國家的未來，維繫於打贏二次世界大戰的時候，那種精神是如此鮮明及重要。

杰後來成為投彈瞄準器軍官，教導如何維修和調整投彈瞄準器，以及如何執行投彈。在執行投彈時，轟炸軍官主控整架飛機。飛行員設定飛機航路，但抵達投彈地點之後，便交由轟炸軍官負責。沒有多久，杰便被送到耶魯大學去接受軍官訓練，之後很快便晉升為軍官。他很聰明，學得會這些東西。在服役期間的眾多往來書信之中，杰在一封由南達科他基地寫來的信裡說，那天是他的生日，他人在辦公室擔任值星官，主管整個基地。那天是禮拜日，輪到他留守基地。他只不過二十一歲，就負責所有這些轟炸機、士兵和飛官。唯有在戰爭時，國家才會把如此的重責大任交付給這麼年輕的人。

生命與死亡不斷交錯

入伍時，我曾希望成為飛行員。1944年夏天，戰事趨於尾聲，空軍決定不再另外訓練飛行員。相反的，他們分派我擔任滑翔機技工，這是用來空降部隊及設備到戰場的飛機。我穿著便服到大湍市訓練站報到入伍，沒多久便換上綠色軍裝，口袋裡放著一張政府出錢的去芝加哥的火車票。我記得和父母一起在月台候車，他們努力不顯露出太多情緒，但他們擔心唯一的兒子將身處異地的險境。

後來在服役時，我記得搭火車旅行全國各地，車上擠滿軍人，還有在這種行程同袍之間自然而然的嘻鬧行為。因為我天生外向，我真的覺得在客滿的車廂裡，跟渴望去打勝仗的阿兵哥擠在一起，其實挺有趣的。這次搭火車是我頭一次長途旅行，目的地還是個大城市，我一個人想著心事。我聽著鐵軌的轟隆聲，望著窗外在我家到美國第二大城之間的中西部農場、小鎮和工廠。在火車上的幾小時，我想了好多事情。

跟所有入伍的人一樣，我想到了打仗和為國捐軀的實際危險。報紙每天都刊出在戰場上受重傷或陣亡的戰士姓名，其中有些姓名是我熟悉的，甚至還有我認識的年輕人。我了解自己有生命危險，可能被派往危險的地區，或許無法再回家了。這時，還有後來在戰爭時，我開始嚴肅思考自己的信仰。信仰在軍中占有重大意義，因為你隨時可能性命不保，看到人們死去；今天你的弟兄還活著，明天就死了。生命與死亡隨時在眼前鮮明呈現。因此，宗教變得更加嚴肅，你必須決定自己相信些什麼，不相信些什麼。戰爭堅定了我的信仰，明白上帝在眷顧著我，引領我的人生，使我得到安慰。

我很自豪自願從軍，與國家有著一致的必勝決心。我們無法想像獨裁者占領國家，必須聽從希特勒的命令行事。在新聞影片看到獨裁者，納粹的記號和踢正步的軍人行列，把美國人嚇壞了。我決心要盡一己之力保衛國家。後來我設法不讓死亡的想法盤旋在腦海裡。戰爭永遠有陣亡的可能，可是年輕人總以為那種事只會發生在別人身上。時間很緊湊，我們不會沉溺在危險的想法，甚至不去談論它，只做該做的事。在那趟前往芝加哥的火車上，我才驚覺我已離開家，可能好多個月都無法回家。

朋友的意義無遠弗屆

我後來得知，對那些在海外服役的人來說，最觸動他們心靈的字就是「家」。家有了一個嶄新、美妙的意義，成為一種生命價值。許多軍人想去見識這個世界，也很開心離開家，但後來他們都慶幸有家可回。

我與家裡的聯繫是靠著父母、家人和朋友寄來的書信，這讓我知道家鄉的日常活動；父母和我至少每週寫信一次。阿兵哥莫不盼望收到家書，因為即使家鄉的人定期寫信，也不表示可以定期收到信。把信送到部隊是一項挑戰，因為朋友和家人未必知道想念的人駐紮的地方。他們只知道必須寄到太平洋或大西洋地區的郵局。

杰和我維持書信往返，他寫的信對我來說是最重要的，尤其是離家數千英里去到太平洋一個小島的時候。我寫給他的信很多都是例行性的報告日常任務，可是杰寫給我的信都很深入，充滿哲理。他寫了很多東西，因為他思考很多。他的信讓我安心，也讓我明白彼此友誼的深度。

就跟我一樣，杰也有思鄉病。他有一次寫說：「今晚我格外寂寞，理查。我想是天氣的關係吧，夏末時涼爽的日子，空氣裡有些什麼讓我想起家鄉的秋天。如果今年秋天你和我和大夥們都能回家，該有多好。」在另一封信，他特別提到我們的友情：「我們兩個人如此密不可分，兩個人如此完美搭配，如此堅固的友誼是不會因為戰爭而被拆散的。我們將繼續先前被中斷的，實現所有的夢想，還有兩個默契完美的朋友所能做的無數事情。你最好的朋友，杰。」那些信件是杰和我特殊友誼的最佳見證。

我們總是很隨意就講到「朋友」這個名詞。現在，凡是認識的人就稱為朋友，親近一點的關係，就得稱為「親密的個人朋友」或者「永遠的最好朋友」。現在的人在臉書上甚至有數千個「朋友」。在我那個年代，朋友就是朋友，是珍貴的關係。

我帶著政府發給我去到芝加哥的火車票，還有抵達後報到的兵單。芝加哥火車站擠滿了穿制服的男人以及吹奏音樂的軍樂隊。我在芝加哥搭上前往德州謝帕德機場（Sheppard Field）的火車，那是位在德州及奧克拉荷馬州邊境的大型新兵訓練中心。我被分派去維修滑翔機，這些滑翔機會從飛機上寂靜無聲地滑行出去，將部隊和補給空投到敵後。

經過一年半的訓練以後，我在1945年春天接到命令，要前往一個在日本南端的太平洋小島基地，叫天寧島（Tinian）。我接到命令時，德國已經投降，對日戰爭也已接近尾聲。1945年8月15日我開車前往鹽湖城時，從車上收音機聽到太平洋戰爭結束的新聞。由於我們開到了山上，廣播訊號很弱，又找不到任何加油站可以打電話。等開進山谷時，又能接收到訊號，這才證實日本已經投降，大戰確實結束了。我在鹽湖城和全美國民眾一塊兒慶祝。單位裡的弟兄尤其興奮，因為我們以為應該不會被派到海外了。

戰後美國經濟起飛

儘管戰爭結束了，我們還是被載到海外。我在天寧島待了六個月，「艾諾拉．蓋」號（Enola Gay）轟炸機就是在這個小島裝載原子彈後投向廣島。我的任務是協助拆除美軍從日軍手中攻占這座小島後，所設立的一座機場。我在太平洋的一個小島開著小卡車，任務並不複雜，但我明白這份任務很重要，也很驕傲能參與其中。

對於沒能被派到海外，杰感到很失望。後來他告訴我，他的單位已經在紐約開始登船要前往歐洲了，突然間，部隊登船的行列喊停。一名軍官大喊：「載不下，滿員了！從這裡到後頭的人回去向營部報到。」杰後來說：「等到姓氏是V開頭的人登船時，就載不下了。我不能去，都是因為我姓溫安洛（Van Andel），而不姓狄維士（DeVos）。」

戰事讓我接觸到由全美各地到南太平洋，不同信仰及背景的人。軍隊讓我學會紀律，做好你該做的事，以及保持強健的體魄，還有指揮，以及軍隊的嚴格——當你管轄眾多人時，一定要清楚訂定規則及方針。我做好該做的事，但那時候我並不知道，有一天我和夥伴會需要運用相同的原則來經營一家國際企業，管理數千名員工和數百萬名直銷商。

我在1946年8月退伍，我們由日本航行到舊金山，再搭火車去芝加哥。我已二十歲，戰時經歷和異國生活使我更加成熟。我迫不及待要投入這個因戰勝而充滿信心的國家，美國的經濟進步，並成為世界的自由之光。大家情緒高昂，那是我一生經歷過最有信心的時期。我們證明有能力團結克服逆境和創造偉大。美國人準備重新工作，購買新車、家電、房屋，和所有打仗年代短缺的物資。我們樂觀相信，將過著美好生活，比以前要更好。歸鄉的軍人開設加油站，商店和其他事業，或者找到工作，努力打拚。美國打了一場勝仗，沒讓可怕的希特勒屠殺我們、占領國家，也沒讓覬覦世界其他地方的日本擴大帝國版圖。美國現在將展翅翱翔。

「合夥」的力量

我們在戰後回到家鄉，杰和我跟所有退伍軍人一樣，都急著在這個希望無窮的新美國掌握機會。杰和我在戰時早已種下事業計畫的種子。在我入伍以前，杰有一次休假回家，一晚我們帶女友約會回家後，杰和我聊天。我問他：「等戰爭結束以後，你要做什麼？回去讀大學？」以我們的背景和想要實現創業夢想的心，我想兩人都明白，大學並不適合我們。杰和我談得愈多，愈明白兩人應該合夥去創業。

終身的合夥事業是很少見的。杰和我終身合夥及友誼的理由是如此的單純和自然，對於沒有經歷過這種獨特情誼的人，是很難用文字描述的。這一切的開端是那麼細瑣：每個禮拜付二十五美分搭便車上學的交易。不過數年後，杰在戰時寫信給我時，稱我為「你永遠最好的朋友」。杰和我在我家的車庫，都還沒成年，便策畫合夥創業。

日後，我常向群眾談到「合夥」的力量。單獨一人的企業家很難具備所有的智慧、知識、技能和才華，只靠自己成就事業。杰和我一開始便明白這點。我認為他被我吸引，是因為我帶領他加入社交活動的圈子，領略到結交朋友的樂趣，用啦啦隊長的熱情去擁抱生活的美好與喜悅。我敬重杰的智慧。即使在高中，他便具備世界觀。他博覽群書，聰明絕頂，記得讀過的所有東西。單是在日常交談時，我便從杰那裡知道許多這個年紀的孩子不會知道的事。他的父親經商，所以他也有一些商業知識。每逢禮拜六，他在父親的汽車經銷公司修理汽車，讓他具備工作倫理和一些機械技能。

杰和我初次合作，是在他父親的公司修理他的A型車。我喜歡杰，因為他是個聰明人，他喜歡我必然是因為我逼他放下書本去享樂。在學生時代，他都在家看書。我會問他：「杰，你今晚要去看球賽嗎？」

他會放下書本抬頭回答：「嗯，我沒有想過。」

我就說：「來吧，一起去。」

「嗯，」他看一段落後便回答，「好啊，你要去的話，我就跟你去。」

俗話說，異極相吸，或者三個臭皮匠勝過一個諸葛亮。杰和我是兩個不同的個體，但加在一起以後，什麼事都做得好。我需要搭車去上學；他有一輛車，又剛好搬來我家附近。上帝開啟了一扇門，假如我沒有走過那扇門，我的人生可能會很不一樣。有人問起，如果沒有杰，我會同樣成功嗎？我的回答很簡單：「不會。」我相信杰也會回答相同的答案。2004年他過世前不久，杰跟他的小兒子大衛說：「你要做的最重要事情，就是維持這段夥伴關係。」

在合作超過四分之一個世紀之後，我寫了一張生日卡給杰，他終身保存著。這張卡片總結我們寶貴的友誼及夥伴關係，勝過我的解釋：

生日快樂！只想告訴你，你對我有多麼重要。過去二十五年，我們有過歧異，但總會發生更棒的事。我不知道是否有簡單的方法來表達，但這就叫做相互尊重，更適合的字眼叫做「愛」。這些年對我們來說是如此美好，很難一一說明，但所有的興奮與喜悅都是因為我們一起度過。這一切起源於每個禮拜二十五美分的搭便車，從此它成為一趟美好的車程。

愛你的理查

二戰結束時，杰和我都堅信彼此是最好的朋友，和有潛力成功的事業合夥人；我們相信彼此的能力，明白彼此截長補短，最重要的是，杰和我互相信賴。事實上，我把當兵存下來的所有錢都交付給杰，做為我們第一項事業的投資。我們將開創一項相當特別又冒險的事業，可是我們兩人都相信它會鵬程萬里。

第三章 嘗試或哭泣

剛滿二十歲，我就買了一架飛機，那時我連汽車都還沒有呢。當時我仍在陸軍航空隊（Army Air Corps）服役，茫然不知再幾個月山姆大叔（譯註：美國的俗稱）送我返鄉之後，我該怎麼過日子。或許出於年輕，或許缺乏經驗，或許純然對二戰結束美國戰勝感到無比樂觀，我把當兵存下來的錢全部寄去給杰，投資購買一架飛機。當時鮮少美國人搭乘過飛機，更別說擁有一架飛機。如同早期航空時代，那些迷戀林白（Charles Lindbergh）、戰鬥機與轟炸機等英勇飛行員的年輕人一樣，杰和我都喜歡飛機。我們相信飛機在戰後的美國將變得跟汽車一樣普及。在陸軍航空隊服役時，杰和我曾維修過飛機及滑翔機，我們駐紮的空軍基地一直有飛機起降。美國建造了數百萬架飛機，由單人戰鬥機到巨大的B-17轟炸機，俾以在歐洲和太平洋的空戰中擊敗德軍和日軍。許多美國人以為往後住家會建造在飛機跑道旁邊，每家的機棚裡都有一架飛機，這種想法並不算離譜。

由於航空旅遊逐漸流行，杰和我看到飛機事業的潛在需求。那麼何不把我們的儲蓄集資起來去買一架飛機呢？我人還在海外，但信任杰的判斷。我請父親把我的七百美元存款交給杰，做為買飛機的頭期款。我的軍餉是每個月六十美元，我把大部分的錢都寄回家，請父母幫我存起來。我父親認識杰和他的爸爸，他信任杰如同他信任我一般，所以他把錢交給了杰，並沒有過問我的決定。

第一個創業：成立飛行學校

杰買下一架他在底特律所找到，由派柏公司（Piper）生產的單螺旋槳雙人座飛機。因為不懂如何飛行，他雇用一名飛行員把我們的新飛機開到大湍市。為了賺錢來支付購買飛機的費用，我們成立了「狼獾飛行學校」（Wolverine Air Service），這是以我們家鄉密西根州來命名的（譯註：密西根州也稱為「狼獾之州」）。

當時我們還有另一名合夥人，吉姆・波士徹（Jim

Bosscher），他是我們高中的朋友，二戰時也是飛機技工，但在創業後沒多久，他告訴我和杰，他另有生涯規畫。他決定去念喀爾文學院，後來在普杜（Purdue）大學取得航太工程博士學位，並在喀爾文學院擔任教授。他的人生證明，每個人都有不同的天賦，讓我們以不同方式成功。他沒有成為企業老闆，可是他拿到工程博士學位，並過著圓滿充實的人生。

戰後歸鄉的數百萬名男人懷抱希望與夢想，充滿信心與進取心，想要展開職業生涯，開創事業，或完成大學學歷。為了幫助他們，美國聯邦政府實施「大兵法案」（GI Bill），提供退役軍人接受職業訓練和高等教育的經費。「大兵法案」也適用於飛行員訓練，所以我們就開始營業了。大多數由戰場回來的人都不知道接下來該怎麼辦，因此我很高興自己投資七百美元創立了新事業。

狼獾飛行學校經由早期的一項宣傳活動，吸引了大湍市居民的注意。杰把我們的新飛機擺到大湍市鬧區的一個汽車展示間，免費開放參觀。現在或許很難相信，但當時很多人還不曾近距離看過飛機，好奇之餘都特地過來參觀這新奇的、有翅膀的交通工具。銷售與宣傳最後成為了杰和我的本業。我們兩人都不會駕駛飛機，於是我們聘請一名在二戰時駕駛P-38戰鬥機的飛行員，和一名B-29轟炸機飛行員，做為飛行指導員，還有一名陸軍航空隊的飛機技工。杰和我便能專心去宣傳業務及招收學員。

我們印製了飛行課程的廣告單，宣稱：「學習飛行。如果你會開車，你就會開飛機。」我們向潛在客戶宣傳說，飛機是未來的主流，而且退伍軍人上課還可獲得大兵法案的補貼；我們的課程是從事飛行員或航空業的入門方法。為了讓他們感到心動並敲定生意，我們還會提供一趟免費試乘，讓他們盡可能體驗飛行的滋味。推銷飛行課程，不過是為了跟來到機場看看飛行是怎麼一回事的人建立關係。我們擄獲了潛在客戶的想像力，讓他們在飛機上俯瞰家鄉及夢想有朝一日實際成為飛行員。

第二個創業：引進汽車餐廳

這架飛機並不精密，狼獾飛行學校早期的營運也是。當時大湍市北方幾英里外的康斯塔克公園（Comstock Park）機場仍在興建之中。這個所謂的

「機場」，基本上是一片空地。業主耗盡資金仍無法完成工程，所以這裡沒有機棚，而且他們也不再興建跑道。杰和我必須另外想辦法，於是我們在飛機上安裝浮筒，讓飛機在大河起飛及降落，這條河就沿著機場流過。杰記得我們最初的辦公室是一個工具棚，但我清晰記得把一個雞窩拖到河邊，清洗後再粉刷，最後在門上釘上招牌，那就是公司的第一個營運據點。

機場最後終於完工了，這段期間，杰和我在那裡蓋好了自己的房子，準備開始第二項事業，但與航空無關。我們搭建起一座二十四乘二十四英尺大小的組合屋，這是在一個房屋展覽會找到的一組產品，含有指示和所有零組件。我們拿出所有零組件，按照指示把所有木頭釘起來，安裝電線，最後完成了新事業的辦公室：河畔汽車餐廳（Riverside Drive Inn）。因為我們的飛機必須在天黑前進棚，每天的工作在日落前便結束了。杰和我不想浪費晚上的時間，於是想到開一家餐廳，好多賺一點錢，我們的目標客人是在機場工作的人，把飛機停在那裡的人，或者是開車來看飛機的人。杰和我記得先前有一次去加州時，看過好幾家「汽車餐廳」（譯註：汽車餐廳指的是在車上點餐和用餐的餐廳），我們認為可以把這種創新做法引進家鄉。憑著三百美元的資金，杰和我在1947年5月20日開設密西根州最早的汽車餐廳之一。

我明白有些人或許很難相信，兩個年輕人竟然這麼能幹。現在，我們期望年輕人先念完大學，體驗一下為別人工作的感覺，而後再自行創業。但我想，我們那個年代就是這樣，年輕人在早年便被期待要去工作，並且被託付責任。我自己也不太能解釋，我只知道杰和我對任何事都充滿幹勁，而不是充滿懷疑。那時候的美國仍以「洋基創新」（Yankee ingenuity）、後院技工（backyard mechanics）和自己動手做（Do It Yourself）而著稱。在複雜與專業化時代來臨之前，杰和我更常「敲打修補」。有時我讀到現在一些人在二十歲出頭創立成功事業，我為他們喝采，也很高興這項傳統維持下來。我鼓勵所有年輕人去念大學，但絕不會叫有才華、有理想的年輕人不要去追求夢想，假如他們認為自己已具備所有的成功條件。

充滿幹勁的兩個年輕人

杰和我沒有經營飛行學校的經驗，不過我們對於飛機的認識，確實多過對於經營餐廳的了解。我僅有的廚房體驗，就是吃母親做的菜和擦拭碗盤。幸好，一家小型汽車餐廳並不是什麼複雜事業，我們一切從簡。我們這間小小的白色牆板建築物，木瓦屋頂上掛著「河畔汽車餐廳」的招牌，屋裡只擺得下一台舊瓦斯爐、一個櫃台、一台冷飲冰箱和一台冰櫃。我們沒有內用的餐桌，所有食物都用托盤外送到汽車上。

機場的地點還很新及遙遠，所以剛開始餐廳沒水也沒電。我們買汽油發電機來用，它放在地板上轟隆作響，吵到我們幾乎聽不見彼此說話。除了不斷的噪音和汽油臭味之外，這部發電機為餐廳提供足夠的燈光電力。我們的爐子必須使用罐裝瓦斯，還要到數英里外的一口水井去打水，裝在水罐再運回餐廳。我們的菜單很簡單，用鑄鐵平底鍋煎的漢堡、熱狗，還有冰箱裡的冷飲及牛奶。

杰和我輪流煎漢堡及送餐到客人的車上。我們最大的失誤就是把肉餅煎焦了，只好扔掉。我想我們都記得彼此至少都幹過一次這種事。在停車場，杰和我立起幾個四乘四英寸大小的看板，還掛上燈泡。每個看板都用釘子掛著個夾紙板，附上菜單。客人準備好點餐時，便按下燈泡開關，杰或者我便會跑到他們的汽車旁邊去接受點餐。現在很難想像兩位飛行學校老闆穿著圍裙，揮汗在瓦斯爐前煎漢堡，在廚房和客人汽車之間跑來跑去。為了推廣公司的航空業務，杰和我拍了一張在辦公室裡的照片，兩名年輕主管穿著合身的飛行夾克在討論一張圖表，看起來頗有分量。那個場景與我們的夜間工作——喧嚷、汗流浹背的煎漢堡與身兼汽車餐廳服務生——有著天壤之別。

上帝眷顧杰和我，給予我們無比的精力和企圖心。即使從早到晚經營兩項全職事業，我們依然在找尋新機會。有一段時間，杰和我在機場旁的大河出租獨木舟；又跟一個男人買下冰淇淋販賣事業，因為他有大約十幾輛冰淇淋手推車要賣掉。杰和我向他買下冰淇淋手推車，在夏天時雇用學生向社區裡的小孩兜售冰棒。我們還跟出租船老闆談妥，提供蘇必略湖（Lake Superior）的釣魚活動。

在漫長的一天之後，杰和我還有力氣到大湍市的漢堡店，一邊大啖沾滿奶油的漢堡，一邊談公事。或者我們會回家去，我母親會替我們準備晚餐，隔天晚上再換杰的母親準備晚餐。杰和我兩人都不想偷懶，在陰天或雨天，當飛機無法飛行時，我們會設法保持生產力，而不會拿天氣當藉口不做事。事實上，杰和我發誓有一天要創設一項不必依賴天氣、日光或人們吃晚飯的事業。

狼獾飛行學校最後成為密西根州首屈一指的飛行學校，擁有十二架飛機與十五名飛行員。在我們營業期間，杰和我也成為自家公司的客戶，分別考取了飛行員執照。在那個時候，不必花多少時間就能完成地面課程和飛行時數，取得資格駕駛這類雙人或四人座的單引擎螺旋槳飛機。幾年後，我又完成訓練課程，取得雙引擎飛機的飛行執照。駕駛飛機翱翔在家鄉熟悉的地理景觀之上，在大河上空及密西根湖沿岸飛行，是我永遠難忘的快感。

要做什麼，而不是可以做什麼

對我來說，飛行與擁有飛機成為我終身的興趣。隨著安麗事業的成長，我們買下第一部飛機，那是阿茲提克（Piper Aztec）。但是當這份事業拓展到美國西岸時，這架飛機已無法負擔這種航程，我們就考慮買一架噴射機。幸好，公司早期就聘任一名企業顧問，當杰和我開始考慮買噴射機時，他說：「我才不管你們要把錢花在哪裡。如果那可以讓你們出去跟直銷商談話，在會議上發言，那就買吧！」我們照辦了。等到那架噴射機老是預約滿檔，我們又買了一架，再一架，又一架，最後還蓋了公司機棚來停放機隊。

我一直說，沒有電腦和飛機的話，這份事業無法有今日的規模。杰和我相信人與人之間的接觸，如果沒有飛機，我們沒辦法去到遠處和人們接觸。

狼獾飛行學校對杰和我來說是一個了不起的訓練場。我們邊學邊做，滿懷信心地前進，如同後來一直在做的，即便在應該三思而後行的時刻。舉例來說，早期杰和我在當飛行員的時候，我們曾因燃料不夠，而把水上飛機降落在密西根州北部的一個小湖。那個地方的人很少看到湖中停了一架飛機，許多人便駕船來看，我們自覺像社會名流。最後我們設法買到一些汽油，卻發現湖面太小，沒有足夠距離加速起飛。杰和我最後把機尾綁在一棵樹上，一名飛行員發動引擎，杰砍斷繩索，發動中的飛機便向前射出，離開水面，勉強擦過對岸樹林的樹頂。

經驗其實是最好的老師，杰和我由第一項實體事業獲益良多。我們學會如何宣傳及銷售一項服務給客戶；我們學會管理及簿記；我們有了第一次跟政府打交道的經驗，因為必須呈交飛行服務紀錄，才能申請大兵法案的補貼。杰必須帶著所有飛行服務和飛行課程的收據，還有其他必要文件，開車去底特律。為了拿到政府的支票，這項例行工作很麻煩。我們也跟大湍市聯合銀行建立起我們的第一個商業銀行關係。當大兵法案結束時，我們的營收來源和事業也在同時結束了。

在經營航空事業的四年間，杰和我大概賺了十萬美元，餐廳方面則是損益兩平。飛行服務並不能賺大錢，不是我們投入的努力所預期得到的報酬。但是我們還年輕，人生才剛起步，對於這樣的成果感到很滿足。現在回想起來，兩名毫無商業經驗的年輕人開創了成功的飛行學校，似乎很了不起；可是，我們卻認為是理所當然，因為我們在戰爭結束前，就確定以後要成就一番大事業。杰在戰時寫給我的一封信，最能總結當時我們的心情，他說：「聽著，這不是我們的終章。這只是第一步。這場戰爭終究會結束，我們會恢復我們的生活，到了那個時候，我們必須決定人生要怎麼過，要如何被紀念。」我記得，當時唯一的問題是我們要投入何種事業，而不是我們找不找得到工作的問題。

伊莉莎白號：航海冒險的開端

在合夥的早年，杰和我同住在布勞爾湖（Brower Lake）旁的一棟小屋，位於十里路上，大湍市北方十里之處。我們還一起跟杰的父親買了一部1940年出廠的普利茅斯（Plymouth）汽車。杰和我的小屋只有五百平方英尺，大約是現代一般家庭的四分之一面積，但已足夠容納一間廚房、一個吧台、一個小餐桌和一間浴室，浴室門的兩邊各有一間臥室。杰和我睡在其中一間臥室的上下鋪。我睡在下鋪，可能是因為杰的個子比我高吧？因為我們才二十出頭，我們的小屋自然成為不久前才由戰場返家的年輕人，還有他們的妻子和女友的聚集之處。

我還擁有城裡首見的電視機之一，大約兩英尺高，螢幕不超過八英寸寬，還有一個兔耳朵天線。高中和軍中的死黨都跑來我們的小屋看電視、舉行派對、到布勞爾湖游泳，或者搭乘杰和我用公司獲利買下來的一艘小快艇。杰很喜歡待在家裡看書，但在我的敦促下，他也樂意和我出門去看電影，或者和朋友聚會。杰不是天生的派對愛好者，可是一旦他參加了以後，他也樂於社交，即便他原本寧可待在家。杰比我更愛藉由看書而神遊冒險。結果有一本書引起我們兩人的想像，促成下一次的冒險。

1948年冬天，杰和我都在閱讀《加勒比海漫遊》（*Caribbean Cruise*），這是描寫一位名叫理查・柏特蘭（Richard Bertram）的男子的航海故事。他是一名造船工人，和妻子一同駕著一艘長四十英尺的船航向加勒比海，和其中的許多島嶼。這本書就是在敘述他們的旅程。我們為這名航行者的事蹟感到著迷，還有他描述的加勒比海白色沙灘、棕櫚樹和湛藍海水。我們兩人一直在辛苦打拚，沒什麼時間休假，一趟航行可以讓我們放鬆，更別說這是比我們青少年時開車去蒙大拿州，還要刺激的冒險。我們打算出售事業，心想這樣兩人都會有錢有閒去享受一番。我們相信這趟航行會很有趣，於是決定啟程。

在翻遍一整本遊艇雜誌之後，我們找到紐約

一名賣帆船的經紀人，便飛去找他，開始物色船隻。他帶我們去了好幾座船塢，最後終於找到一艘符合我們需求，又在預算之內的船。這艘「伊莉莎白」號（*Elizabeth*）用船架停放在康乃狄克州諾瓦克（Norwalk）的一座柏油停車場。它是一艘長三十八英尺（約11.58公尺）的雙桅帆船，有一根長長的船首斜桅，船艙有三個舷窗，下層有許多空間容納杰和我兩名船員。

它看上去是艘堅固的船，如同許多人對一艘漂亮小船的形容一樣，可是「伊莉莎白」號在二戰期間，一直停放在乾船塢。它就那樣直接擺放著，船首及船尾都沒有支撐，以至於兩端有些下垂；木造船體也已乾枯，我們沒多久便發現，這一點會導致木頭板條龜裂及進水。可是，航海檢查員告訴我們，「伊莉莎白」號沒有問題，加上戰後又不容易找到其他合適的船，於是杰和我就賣掉一架飛機，買下這艘船。

缺乏經驗的教訓

新船的狀況是一項潛在危險，另一項是杰和我除了小型快艇，以及布勞爾湖上的一艘小風帆之外，我們都不曾開過更複雜的船。因此，趁著杰回去密西根結束航空事業的時候，我雇用了一名船長和一名船員，在往南航向北卡羅萊納州威明頓（Wilmington）的時候，順便教我駕船。

有一晚船長睡著的時候，我犯下一個導航的失誤，結果把船開進紐澤西州一處沼澤。一名訝異不已的海岸防衛隊員警說：「我以前從沒看過船隻開進這麼內陸。」我在耶誕節回家，再和杰一塊去北卡羅萊納州停放船隻的地方，然後在1949年1月17日出發航向邁阿密。

抵達邁阿密後，我們開始籌劃與裝備「伊莉莎白」號，航向加勒比海，至少要到波多黎各。離開船塢時，我跟杰喊說：「把張帆索丟過來！」他依言把繩索丟過來，我正要去拿船尾繩，可是我太慢走到船尾。正當我要解開船尾繩的時候，赫然發現浪潮改變了。我們停泊時，浪潮適合用那個方向停船，但是當我們翌日想要離開時，浪潮完全轉向。於是船掉了頭，船首換到原先船尾的位置。我聽到一聲轟然巨響，看見船體撞上綁在船後的鋁製小艇。小艇被撞凹了，這也成為首椿航行失誤的紀念。

通常我們要把乾燥的木船放進水裡時，要讓船吊在皮帶上，泡在水中差不多一天時間，木材就會吸飽水而變得緊繃，把隙縫填滿。可是，即使是由北卡羅萊納州到佛羅里達州的長途航行之中，「伊莉莎白」號也從未完成這項工作。我們船的幫浦無法在水位升高時自動開啟，把水抽出船外，所以我們必須記得檢查艙底的水位，需要時就打開幫浦把積水抽掉。如果我沒有在凌晨三點起床去打開幫浦，等到我早上五點或六點起床時，就會走在水裡；經過六小時左右，積水就會漫過甲板。我們把這項差事當成保命的方法，反正這條船很小，另外同時等待船體吃飽水填補隙縫。抵達佛羅里達之後，杰和我把船拖上岸，隙縫都填好了。我們還把螃蟹、蛤、藤壺、海草等附著在船底的東西，全部刮除乾淨，好讓「伊莉莎白」號可以用最快速度航行。

我真希望可以說，接下來的旅程是愉快的航行和偉大的冒險。事實卻是，我們的航行壓根兒比不上柏特蘭在他書中描寫的浪漫之旅，而杰和我正是深受他的吸引。實際上我們累得要命，並在怒海上度過悲慘的好幾天。駕駛這艘沒有效率的船隻在海上長途旅行是一項苦差事。想要迎著風的話，必須迂迴曲折而無法直線前進。我們辛苦了一整天，曲折航行一百五十海浬，才能實際前進五十海浬。潮汐變化加上不同的碼頭，每次停泊的狀況都不一樣。杰和我又缺乏經驗，大多數的白天我都在擔心如何停靠碼頭，大多數的夜晚則在擔心如何離開碼頭。我向來鼓勵人們追尋夢想，不要擔心沒有足夠經驗或者害怕失敗，但回顧這趟航行，我不得不承認，我們應該做好充分準備。

哈瓦那之旅

杰和我經歷好多驚險時刻，險些釀成災難，最後能安然無恙，只因為有經驗老到的人解救了我們。有一天我們試著停靠在一個加油碼頭，正前方有許多船隻船頭全都朝向海岸。靠近碼頭時，我想讓船倒車進去，結果引擎突然熄火，因此船筆直朝著一艘停泊的船的側邊前進。我先前提過，「伊莉莎白」號的船首伸出一根大型的斜桅。杰把一條繩索丟向站在加油碼頭的一個男人。他抓住繩子，繞在一根柱子上，然後扯緊。幸好，我們的船側有保險桿，而且繩子扯到快斷了，船才慢慢停下來，沒有撞上船塢或其他船。我們很幸運地避免一場大型事故。

由邁阿密航行到佛羅里達州西嶼（Key West）時，船尾甲板固定主帆的裝置從木頭甲板鬆脫，害我們無法控制帆。戰前就堆積在油槽的殘渣汙染了汽油，引擎化油器也跟著報銷。杰和我在黎明時分朝著西嶼港口前進，引擎卻熄火了。船搖晃拍打著海面，鬆脫的主帆噼啪作響，引擎熄火，我們企圖把錨下在航道裡。突然間，我們聽到一陣汽笛聲，並看到一艘大型潛水艇由西嶼訓練基地開過來。潛水艇並沒有撞到我們，但我們後來因為在航道裡下錨而受到斥責，雖然當時我們毫無選擇。

不過，最大的挑戰是漏水。不只船體會漏水，連船艙上方的木板也進水。甲板漏水，冰水便滴到我們身上。我們必須設法堵住漏洞，拿水桶接水，或者拿東西遮蓋住頭部。船上的暖氣機不堪使用，在起霧多雲的冬季，大西洋的海水可是很冰冷的。

由西嶼出發，我們航向古巴的哈瓦那（Havana），這裡在當時可是觀光勝地。賭場、酒吧、夜總會和飯店燈光，照亮了夜晚的街道。古巴人用蘭姆酒調製的飲料在哈瓦那大受歡迎。從邁阿密開過來的郵輪把美國觀光客帶到古巴首府，所有街道上滿布美國人，白天購物，晚上則到酒吧和賭場。我們這兩個來自中西部小城大湍市的小夥子真是大開眼界！

怒海遇劫

離開哈瓦那之後，我們向東航行，走完剩下的六百英里北古巴海岸，前往波多黎各。1949年3月27日，我們大概航行了三百海浬，才不得不承認一項事實。日落後，我啟動電動幫浦要抽掉艙底大約一英尺深的積水。我一個小時後再去檢查，結果水位又升高了一英尺。我跟杰說：「水更深了。我們沒有把水抽掉。」於是我們拿出一個大型手動幫浦，開始設法降低水位。但無論怎麼努力都沒用，水位不斷升高。船進水的速度，快過我們用電動和手動幫浦所能抽水的速度。等水淹到膝蓋，杰和我已精疲力竭，只得承認事實，點燃一枚紅光信號彈求救。如果附近海域沒有船隻，我們心想，或許可以駕著那艘外掛著引擎的鋁製小艇，設法回到岸上。

這麼多年以後，我還是想不透，杰和我怎麼可能駕著一艘漏水的船航行了那麼遙遠？我們必然是年輕、沒有經驗，又叛逆。即使想到可能在離岸十英里處，下沉到一千五百英尺深的海水裡，我記得我們仍保持鎮靜。我無法好好解釋這種伴隨我一生的鎮靜感。我猜想我天生確信，不管人生遭遇何種風暴，我都可以安然度過。在我人生裡每一項新創事業的巔峰與谷底，這都是不變的真理。

幸好，我們位在一條主要航道上，一艘前往波多黎各的貨輪「艾達貝爾·萊克斯」號（*Adabelle Lykes*），在清晨兩點三十分回應了我們的求救信號。它來的不早也不晚，我們船首的一片木板條正好鬆脫，海水大量灌入。它靠在「伊莉莎白」號旁邊，船長向我們大喊。

「你們是誰，在做什麼？」他或許以為我們是古巴海盜。

我回答說：「我們是在康乃狄克註冊的『伊莉莎白』號，我們沉船了。」

當他明白我們是美國青年後，他由船側拋下繩梯，爬下來到我們的船上。他建議用起重機把船吊到他的甲板，可是船進水後變得超重；「伊莉莎白」號現在已成為航道上的禍害。他的船員只好在船側鑿出一個洞，利用貨輪的重量和速度把它輾過，折成兩半後讓它沉沒。在凌晨的黑暗之中，杰和我站在貨輪甲板，看著曾經是我們冒險用的船隻緩慢地消失在水面下。萊克斯家族的人也在貨輪上，他們好心載我們到波多黎各，甚至把我們奉為上賓，讓我們住在特等艙房——我們是有著不幸的海上冒險故事，被他們在海上搭救的賓客。

我們想說應該寫一封信向父母報告，好讓他們知道發生了什麼事，卻不曉得海岸防衛隊早已獲悉我們被救，而且發出報告，我們家鄉報紙又攔截到這份報告。《大湍報》打電話給我父親，想要知道更多訊息或回應，可是他知道的不比記者多。父母只知道我們獲救了，其他細節一概不知。他們很擔心，心想我們為什麼不打電話回來。我們寫了信，但是等到《大湍報》刊出報導數日之後，我們的信才寄到。多年後，我自己身為人父，我心想：「可憐的老爸和老媽！」他們一定擔心死了。我記得我的一個小孩在宵禁後還在外頭開車，我就非常憂慮了。杰和我駕著一艘舊帆船在大海上，又沒什麼航海經驗。當時，杰和我自以為是卓然有成、負責任的青年，準備好面對任何挑戰。如今我才明白，對父母來說，我們還只是他們的小孩。

想方設法繼續旅程

我們的船沉沒了，可是杰和我想要繼續原先前往南美洲的夢想。我們在波多黎各搭上要開往委內瑞拉卡拉卡斯的英國貨輪「柚木」號（*Teakwood*）。因為是貨輪，船長不能讓乘客上船，所以他支付我們每人一先令做為擔任船員的酬勞。貨輪抵達庫拉索島（Curaçao）之後，我們決定改搭飛機去委內瑞拉，於是下船了。移民官員不准船員離開船隻，因為他們通常會非法移民。庫拉索這個加勒比海島嶼是荷蘭屬地，杰便試圖用荷蘭語跟他們解釋。這反而讓事情變得更加棘手，因為他們認為美國來的人絕對不會講荷蘭話，所以我們一定是共產黨的間諜。他們很難相信兩個二十啷噹歲的人正在環遊世界。

那名官員說：「你們要怎麼離開這裡呢？我不想要你們被困在我們國家，還要政府去把你們救出來。」

我說：「我們有很多錢。」我們把放在錢兜裡的數千美元拿給他看。他扣留我們的護照，去跟美國當局查驗；幾天之後，他讓我們通關，我們便買了機票去委內瑞拉。當時的匯率讓物價超高無比，所以我們接著飛到哥倫比亞巴蘭基亞（Barranquilla）。我們不知道這趟旅程要去哪裡，只是看著一張地圖，用手指一比，比到哪裡就去哪裡。

巴蘭基亞位於馬格達萊納河（Magdalena River）的河口，這條河深入哥倫比亞內陸。我們搭上一艘由密西西比運過來使用的舊型輪船，這是馬克吐溫時代的船，船尾有一個巨型槳輪，駁船式的甲板，上層有客房。在前甲板有一小群牛，準備當做乘客的食材。1949年的哥倫比亞正陷入血腥內戰，反美情緒高漲。杰和我看到「洋基佬滾回去」的標語，人們顯然討厭我們，跟我們保持距離，因為杰和我是美國人。我們逼不得已只好學西班牙語，因為沒有人肯跟我們講英語。我們帶著翻譯書，用西班牙語點菜、問路和購買必需品。輪船懶洋洋地沿著河灣前進，杰和我坐在甲板躺椅上，沐浴在溫暖的陽光裡，看著翠綠的叢林。到了晚上，叢林便成為盜匪窩，他們會登船搶劫乘客，所以哥倫比亞軍隊會在河岸站崗布哨。

等到馬格達萊納河愈來愈淺，無法航行時，杰和我便下船登陸。我們搭乘火車前往麥德林（Medellín），坐飛機去卡利（Cali），接著搭窄軌火車去布埃納文圖拉（Buenaventura）。這列像是玩具一樣的火車有兩側開放的客車車廂。經過隧道後，杰和我身上沾滿了從火車頭煙囪排出來的煤灰。我們接下來搭上一艘客貨兩用輪，中途停靠厄瓜多、秘魯和智利，船隻卸下香蕉，再運上甘蔗和棉花。智利的聖地牙哥有著地中海型氣候及友善的人們，實在太棒了！於是我們決定在那裡待上數週，在數月的旅行之後休息一下。

迎接挑戰，克服困難

休養生息之後，杰和我又能繼續完成南美洲冒險，前往阿根廷、烏拉圭、巴西和蓋亞那，然後飛回加勒比海，中途前往千里達、安提瓜、海地和多明尼加共和國。雖然杰和我覺得其中一些國家充滿異地風情，但我同時有個感受，是我終身難忘的——這些國家缺少美國往往視為理所當然的現代發展、豪華及便利。這不是在批評其他國家，而是想要提醒大家，應該對自己的國家心存感恩。

我記得，親眼目睹自己的船在腳下沉沒時，我心裡想著：「接下來要做什麼？」我沒有想到我會死掉，雖然真的差一點死掉。但是，迎接與克服挑戰的經驗，在我心中激發一股無比的自信感。我學到了當你有麻煩時，只要設法加以解決就好了。我們還學會絕不回頭，雖然船沉沒了，這不代表航行也結束，只要改變交通方式就可以。你接受眼前既有的選擇，繼續前進。相同的道理，當機場還沒蓋好的時候，杰和我並不氣餒，而是利用浮筒讓飛機在河面上起降；餐廳沒電也不是問題，買台發電機就好了。雖然是菜鳥水手，杰和我仍然展開加勒比海的航行冒險：我們邊做邊學。

多年以後，我把這些經驗，做為演講「嘗試或哭泣」（Try or Cry）的演說內容。道理很簡單，你可以找各種藉口，說自己沒有好的教育或經歷，沒有好的家世背景，害怕嘗試新事物或看似艱巨的挑戰。你可以呆坐著，哭喊著人生的種種橫逆；或者，你可以去嘗試。大膽去嘗試，如果失敗了，再嘗試一次。按照我的經驗，流汗一定勝過流淚，因為我們相信努力。杰和我在加勒比海及南美洲的冒險，是我們的家鄉朋友只能夢想的。杰和我不斷嘗試，我們的下一項合作並不尋常，對大多數人來說甚至有些奇特，而且超前時代。但是我們說：「為什麼不呢？我們試試看吧。」

第四章 助人亦自助

在搭乘火車、飛機、汽車和輪船縱橫幾乎每一個南美洲國家以後，杰和我精疲力竭，但情緒高昂地坐在巴西里約熱內盧的科帕卡巴納海灘（Copacabana Beach），享受熱帶微風吹拂。船沉了，積蓄變少了，未來的收入也沒有著落，我們評估自己的情況：沒有大學學歷，沒有職業訓練，也沒有大量存款可投資事業。但杰和我成功經營過事業，也認為我們將來不會成為朝九晚五，為別人工作的上班族。

我們想要繼續自己經營事業。

杰和我心中沒有明確的目標，但仍同意繼續做為事業合夥人。在科帕卡巴納海灘，我們決定成立杰理公司（Ja-Ri Corporation），用兩個人名字的縮寫；杰的名字排在前面，或許是因為他比較年長。後來成立的另一家公司，也是用兩個字的縮寫。我們覺得自己一定要去開創事業，唯一的問題是，下一項事業會是什麼？我們在旅程中討論過一些新事業，而這趟旅行已奠定我們以為是一項賺錢生意的基礎。

杰和我一直把注意焦點放在外國，並且認為做進口商一定會成功。我們由海地進口一批手工製桃花心木家庭用品，希望在大湍市販賣。杰和我設法把其中一些產品賣給商店老闆，但發現零售業競爭激烈，尤其是我們在這門行業沒有經驗。杰和我的進口事業幾乎無法營生，不過，這些桃花心木家庭用品還是為杰理公司創造了第一筆利潤。

終身事業的開端：加入紐崔萊

杰和我如果真的想要過好日子，就必須開創其他事業。杰和我改賣另一種木製品，但業績反而更糟。雖然那在當時似乎是個好主意，但回想起來，我不明白我們何以自認能夠經營一家成功的木製玩具公司。我們的「大湍玩具公司」開始製造及經銷有輪子的木頭搖搖馬，還拿到了專利。哪個孩子不想要一個高檔的木頭搖搖馬？孩子們或許喜歡，但家長們顯然不打算花這筆錢，生意一敗塗地。最大問題是，我們才剛開始生產木頭搖搖馬，另一家公司便開始製造塑膠成型的搖搖馬，製造成本更低，售價更經濟。這門生意失敗後，留下來的彈簧、木輪和其他零組件在倉庫堆放了好多年。

不過有另一項生意是既賺錢又有趣。在回到美國後，杰和我很訝異有很多人對我們的航行充滿興趣。這趟冒險有拍攝影片，所以我們把影片剪輯成遊記。我們還撰寫一份講稿，搭配電影，在禮堂對大湍市各個民間團體播放。每賣出一張入場券，杰和我可以抽成一美元，有些遊記影片還吸引多達五百人參加。除了拿到收入，我們同時還鍛鍊了向當時已算是龐大的聽眾，發表演說的技巧。

我很希望那些影片能夠保存到今日，再次看到杰和我年輕時駕著帆船、遊遍南美洲。可是，沒有人知道那些影片的下落。它們若不是遺失了，就是被收藏在某處，但現在已沒有人記得。

杰和我壓根兒不曉得，正當我們忙著賺錢餬口時，創造未來成功的產品就在我們眼前，那是杰的父母早已在使用的東西。數十年前，還沒有像現在這般重視維生素、礦物質和適當的營養；杰的父母在1940年代後期，即已使用一家叫做紐崔萊的加州公司所生產的保健食品。這項產品沒有在商店販賣，而是由直銷商銷售。杰的第二個表兄尼爾．馬斯肯特（Neil Maaskant）是紐崔萊直銷商，把產品賣給了杰的父母，他們不斷跟杰和我講起這項產品。杰的父母要求他去請那位表兄來跟我們見面，說明紐崔萊的產品和事業，這是我們可以考慮的生涯機會。我們都很懷疑，甚至嘲笑去做個維生素推銷員。但為了表達跟親戚的友好，杰邀請尼爾從芝加哥過來，在1949年8月29日來到大湍市跟我們說明。

我說：「杰，他是你的親戚。你去聽他說明。我要去約會。」

當晚我約會之後回到家，杰說：「你知道嗎，聽起來棒透了！」他一邊向我介紹紐崔萊產品，一邊說：「順便告訴你，我替我們簽約加入了。」杰跟我講到半夜，我也認為這是值得放手一搏的機會。於是，我開了一張四十九美元的支票，購買兩盒產品和一套輔銷資料，裡頭有一些可以分發的宣傳資料。就這樣，我們加入這個事業了。

我詳細聽過之後，便覺得這個機會吸引我，因為創業成本很低，只需花四十九美元購買兩盒保健食品，叫做DOUBLE X綜合營養片，以及如何銷售紐崔萊保健食品與建立事業的輔銷資料。它的吸引力在於，我們不僅靠著自己的銷售額賺取獎金，也可以推薦其他直銷商加入事業，再由他們的銷售抽成。我喜歡跟人面對面接觸，在經營飛行課程時，也證明了自己的銷售才華，因此這個機會在我聽來再適合不過。我們開給紐崔萊的支票，讓杰理公司成為正式直銷商。

事業早期的挫敗

杰和我開始向所有認識的人，說明紐崔萊DOUBLE X綜合營養片的價值，包括朋友、家人、鄰居和熟人，而且我們自己也開始每日食用。雖然急於在這項新事業大顯身手，但杰和我出師不利，甚至每況愈下。我們邀請一群朋友來到小屋，播放一段產品短片，然後熱烈地向友人們表達，我們對這項機會感到無比興奮。大家開始離開，有一個人留下來簽約，但沒多久便不幹了。然後，生意愈來愈淡。過了幾個禮拜，都召募不到一個新直銷商。我們賣了幾盒DOUBLE X綜合營養片給朋友和家人，他們可能只是想幫助我們創立新事業而已。

事隔多年之後，我明白這是杰和我的決定性時刻。我們剛展開一份新事業，新產品、新領域及新直銷計畫。加入紐崔萊考驗杰和我所曾經歷的一切，挑戰我們的決心，並且曝露出我們的性格。為什麼我們會一頭栽進這種非傳統、未經測試過的事業？我們怎麼會有精力和信心拿這種不知名產品去接觸潛在客戶？我們為什麼不畏懼遭受拒絕甚至嘲笑？我也感到好奇，因為我不知道答案。我明白，對於考慮從事銷售工作的大多數人來說，害怕被拒絕會讓人打退堂鼓。我知道，許多人受不了被譏諷或訕笑。我確信，杰和我也不例外。可是，基於我無法解釋的原因，我們勇敢接受拒絕和所有負面反應，並繼續前進。或許，經歷使我們培養出這種積極態度。無論如何，我們具備能力或性格去化解拒絕，就是埋頭苦幹。我想，我們也具有一項明顯優勢，就是可以互相打氣來克服挫敗。

杰和我面對很多難關。首先，雖然家長會叫小孩把食物吃光，吃掉蔬菜，飲食要均衡，但那個年代幾乎沒有人在吃保健食品或談論營養。紐崔萊直銷計畫還很新穎，甚或令人懷疑。銷售人員抽取一定比例的獎金原本是慣例，可是在那時候，銷售人員自別人的銷售額抽成是新的做法，可能還有點令人困惑。杰和我還有第三個問題。我們一根蠟燭兩頭燒——同時經營及找尋不同事業，而沒有專心經營紐崔萊。

但在尼爾邀請我們參加芝加哥的紐崔萊大會之後，我們終於決定專心經營。在這四小時的車程我們講好，假如閃電沒有擊中芝加哥，它或許永遠不會，那麼我們也不能放棄剛起步的紐崔萊事業。在芝加哥，我們參加了一場一百五十人的大會，大多數人穿著正式服裝，讓這場集會像是專業銷售集團會議一樣。我們跟經營紐崔萊事業相當成功的人士，還有才剛加入但熱情令我們感動的人談話。演講人宣揚他們的成功，分享他們的銷售策略。我開始感受到，童年時父親用「你可以做到！」這種正面訊息為我灌輸的信心。

劃時代產品與經營理念

1949年底，在開車回大湍市的路上，杰和我決定放棄其他事業，專心經營紐崔萊。如果尼爾可以靠著這份事業每個月賺一千美元，我們也可以。在一週一百美元就被視為高薪的時代，這可是遠大的目標，但杰和我現在有信心和決心要實現這個目標。我們非常興奮，從芝加哥回家的途中，我們停車加油，還賣了一盒紐崔萊給加油站服務生。我們最大的障礙依然是，紐崔萊產品超前人們對於維生素保健食品的認同，而且多層次直銷仍是一個新概念。我們有點像是素食者企圖在漢堡攤讓客人改吃素。

紐崔萊是由卡爾．仁伯博士（Dr. Carl F. Rehnborg）創立，他在不同時期分別受雇於三花（Carnation）和高露潔（Colgate）公司，在中國工作，他在當地研究飲食對中國不同民眾的健康影響。例如他發現，中國鄉下人大量攝取自家菜田的蔬菜，就比城市裡的人更健康；還有，許多中國人患有骨質疏鬆，因為他們很少喝牛奶。他對中國傳統文化和醫學的養生智慧感到佩服。1926年上海的一場動亂，卡爾因為協防而遭到逮捕下獄。他被關在牢房，伙食很差，但他仍設法保持健康，避免營養不良。在被囚禁的一年間，他用牢房裡長出來的所有綠葉植物，或是拜託獄卒給他青菜煮湯喝。他甚至把生鏽的鐵釘丟進去熬煮，因為鐵鏽可以提高營養價值。他比其他犯人都要來得健康。

獲釋出獄後，他回到加州聖佩德羅（San Pedro），白天兼職數項工作，晚上則開發植物性保健食品。1935年，他辭掉白天的工作，全力投入生產及銷售他的新產品。他明白這個產品需要向人說明其成分及好處，他決定自己銷售保健食品，而不經由商店。他自己開發客戶，召募更多銷售人員，四年內他把公司取名為紐崔萊產品公司（Nutrilite Products, Inc.），年銷售額達兩萬四千美元。他真的走在時代尖端。

我記得他拿了把大鐮刀，在他的有機農場裡收割紫花苜蓿，那是DOUBLE X綜合營養片的主要成分之一。今日，有每日食用保健食品的人都很熟悉有機、抗氧化劑和植物化學成分等用語。但在那個時候，這些營養名詞只有卡爾這類前瞻思考的科學家才知道。

可是，這項產品的營養好處本身，並不構成充足的賣點，以及建立起龐大的事業。紐崔萊不斷成長的祕密在於一種新的行銷計畫，即今日多層次直銷的前身。這項計畫成為安麗的基礎，也是日後許多全球銷售額達數十億美元的直銷公司成功的基礎。

卡爾待在實驗室或農場裡比較自在，可是他三不五時就會被找去在銷售大會上講話，所以，他去上卡內基課程以提升演講技巧。在那個課程中，他結識了一位名叫威廉・卡森伯瑞（William Casselberry），暱稱「比爾」的心理學家。比爾和他的推銷員朋友李・麥亭傑（Lee Mytinger），後來成為紐崔萊的客戶，更重要的是，他們設計出一種新的多層次直銷計畫來銷售紐崔萊產品。他們成立了麥亭傑與卡森伯瑞公司（Mytinger & Casselberry, Inc.），成為紐崔萊產品公司的銷售機構。

利用經驗克服困難

杰和我開始認真經營紐崔萊事業之後，利用了播映遊記影片時得到的一些經驗。我們在報紙上刊登廣告，邀請可能對產品和事業機會感興趣的人們，並在飯店或其他公共廳堂預約會議室。杰負責接待潛在客戶，播放投影片和回答問題。他大多解說產品的好處，我則向人們鼓吹這項事業的優點。我們終於吸引了愈來愈多人。

可是，我們有幾場早期的銷售會議，可說是一場糊塗。杰和我在廣播電台和報紙刊登廣告，並且分發廣告小冊，希望能在密西根州蘭辛（Lansing）辦一場大型會議。我們租借了一個兩百人座位的會議室，結果只來了兩個人。在一個兩百人座位的會議室，對著兩個人進行正式的銷售簡報，我一生當中從未如此難堪過。在開車回大湍市的途中，杰說：「如果我們做了所有宣傳，卻無法做得更好，或許我們應該整個放棄算了。」

我也感到很氣餒，可是我不想讓杰灰心喪氣，於是我說：「我們不能只因為一晚搞砸了就放棄。這門生意做得起來的。」這是我最初跟外祖父一起叫賣蔬菜時學到，另一項有關堅持的教訓。

我們堅持下去，利用銷售會議以及人際接觸，向所有認識的人說明DOUBLE X綜合營養片和紐崔萊事業。我們的銷售技巧很簡單：「你就試試看嘛。大家都說吃了以後感覺好多了。你就試個一年，看有什麼感覺。」在二十次拜訪之中，或許會找到四個人感興趣，最終或許有一個人會購買。我們總是嘗試說服每個新客戶購買十二個月的分量，才能顯現DOUBLE X綜合營養片的效果。一旦成為客戶之後，我們會向他們說明加入直銷商的好處。所以，不僅杰和我接觸每個認識的人，我們的直銷商也去接觸他們認識的每個人，以推薦直銷商。

意外收穫

隨著我們的事業開始以超乎預期的速度成長，早期會議的挫敗感早已消散一空。杰和我在大湍市的低租金區，以每個月租金二十五美元的代價，租了一間辦公室，做為杰理公司總部。我們在窗戶上掛了塊標語寫著：「你就是你吃下肚的東西。」有些路人問說：「這麼說的話，如果我吃了根香蕉，我就成了香蕉？」我們笑了，可是在人們比較有興趣上汽車餐館去吃漢堡、薯條和巧克力奶昔，而不擔心營養與健康的時代，這是很典型的反應。

杰和我開始感受樂趣，並且凡事都親力親為。我記得有一次去跟葬儀社借椅子，再搬上旅行車載到我們租借的一座禮堂，排好椅子準備進行會議，翌日再把椅子搬回去還給葬儀社。

紐崔萊產品的簡報，大約會花一小時的時間說明營養的好處。我們說明，農田的土壤在多年耕種後會流失養分，作物在搬運及放置在貨架的時間會流失營養，以及用滾水烹煮蔬菜會流失維生素，這些都是為了說服客戶相信在正常飲食之外，必須補充維生素和礦物質。杰和我不會只是走到人們面前，把盒子上的標籤拿給他們看，就要他們掏出二十美元的鈔票。我們必須成為知識淵博、具說服力的銷售員，明白自家產品的價值。大多數人會拒絕，但有些人會購買，杰甚至靠著一次銷售拜訪賺到一個大獎。他拜訪大湍市東邊的一戶人家想要銷售，應門的是霍克史特拉（Hoekstra）太太。我記得，杰走出那戶人家時說：「乖乖，他們有個長得很美的金髮女兒。」那位金髮美女，貝蒂，後來變成了他的老婆。

潛力無窮的事業

杰和我最後不再挨家挨戶登門推銷，因為我們終於了解這是一項人對人的事業。我們列出認識的人的名單，請他們介紹他們認識的人，然後開始用預約的方式拜訪客戶。我們做成一筆生意後，每隔三十天我們會再回去拜訪這名客戶，在他們吃完三十天的分量後，再賣給他們一盒紐崔萊產品。我們不只是想賣一盒產品，我們的目標是要終身的銷售，即使客戶一個月才買一盒。杰和我說服客戶，長期食用紐崔萊產品，才能充分體會這項產品的好處，我們跟客戶強調，他們應該養成終身食用紐崔萊的習慣。我們自己也有食用，我到現在還是如此。

杰和我還會請人們在他們家裡舉行會議，邀請愈多人愈好——朋友、親戚、鄰居、教友、同事等等。我們建議他們跟大家說，他們要辦一場會議，可以幫助他們認識的每個人開創新事業，並且讓親朋好友知道他們已加入這項事業。邀集群眾之後，接下來的重點是找一個他們認得，性格好、口才好、值得信任的人，請這個人來說明這個事業及其潛力。我們推薦的直銷商會帶他們的朋友來，杰和我則解說這項產品。

這不是輕鬆的買賣。在當時，二十美元是一大筆錢。所以，我們不是靠價格來推銷，而是產品的高品質——它是純天然，用有機植物提煉而成。我們必須克服價格阻力，就像推銷員要把新車賣給覺得價格太貴的人一樣，他必須說服客戶新車所有的優點和駕駛樂趣。銷售向來都不容易，但是一名好的銷售人員可以為大多數成本阻力，找出誠實而具說服力的答案。

各式各樣的人說這門生意不會成功，絕對無法持久。所有反對新事物的標準說法我們都聽過；醫生尤其反對我們。有的醫生跟成為我們客戶的病人說：「你根本不需要那些玩意兒，那都是假的。」當然，到了今日，醫學界已認同每日補充維生素和礦物質的重要。但在當時，補充營養是不受認同的，並不一定是因為醫生懷疑它們的價值，也是因為我們闖入醫生的地盤。可是，一旦客戶明白了食用紐崔萊產品的價值，他們其實不在乎醫生怎麼說。所以，客戶繼續食用，我們就繼續銷售。我的父母和我同時成為客戶，杰的父母也是。我們的父母一直支持著杰和我。

我們現在賺錢了。杰和我組成了一支優秀的團隊，事業發達，所以買得起另一部車。六十年前，汽油大約是一加侖二十美分，汽車大約價值一千美元。當時是全然不同的世界，那種金額被認為是一大筆錢。

紐崔萊和美國食品管理局的官司

在尋找新直銷商時，我會向潛在直銷商說明他們將需要多少客戶，必須建立多大的組織，才能有跟我們相同的收入。為了激勵我們的直銷商成功，必須讓他們相信他們可以做得到。我們發現說服他們的最佳方式，是請別人來分享經驗。或許有些直銷商會有一點結巴，並不是最佳演說人，但在許多時候他們都是最佳鼓舞者，因為聽眾裡有人想著：「如果他能辦到，我也可以辦到。」

幾年內，杰和我最初的組織便成長到一千人，而且不斷增加。杰和我開始每年春天在大湍市區的市民禮堂舉行大會。我們的活動包括聘請勵志演講人，和組織內經營事業成功的直銷商。為了進一步激勵大家，我們也請人上台現身說法，說明他們努力建立的事業，過著自己想要的生活方式。除了物質獎勵，我們也討論過其他目標，包括支付孩子上私立學校的學費，經營自己的事業而不只是做一份工作，或者為他們自己和小孩賺取額外收入，享受更好的生活。後來，在舉辦這些會議時，我們的組織成員已達到五千名。

有時當你的夢想實現，成功好像擋也擋不住時，你就會碰上一道難關。這就是紐崔萊和我們的個人事業所遭遇的情形。杰和我成功的關鍵之一，是使用卡森伯瑞撰寫的一份手冊，題目為「如何得到健康及保持健康」（*How to Get Well and Stay Well*），內容述說食用保健食品以達到最適健康的重要性。美國食品藥物管理局（FDA）認為手冊裡有許多聲明都是「誇大功效」，並於1948年控告紐崔萊。食品藥物管理局完全不了解美國人的創業精神，以及為何要銷售這些產品。食品藥物管理局認為這些產品應該像藥品一樣，納入規範之中。

這個案件最後在1951年以合意判決（consent decree）和解，列出維生素和礦物質准許使用的數項功效宣示。在那之前，政府並未正式規範保健食品可以做出何種功效宣示。1990年代法規修改之後，保健食品業更加清楚，如何妥善宣稱維生素和礦物質保健食品的好處，再加上直銷業早期所學到的經驗，直到今日都指導著產品的功效宣示。無論如何，杰和我與食品藥物管理局在1948年的案件，掀起軒然大波，紐崔萊事業因而大受影響。

幫助別人，就是幫助自己

受到食品藥物管理局案件的影響，加州的紐崔萊公司開始進行多角化經營，在販賣維生素之外另闢財源。他們推出化妝品系列，直接賣給直銷商，而不是透過麥亨傑與卡森伯瑞公司。這項舉動，使得紐崔萊產品公司和麥亨傑與卡森伯瑞公司之間的合約遭到質疑，也就是兩者究竟誰才真正擁有銷售組織。因此，除了因為食品藥物管理局的爭議導致業務衰退之外，現在還要面對公司內鬨。麥亨傑與卡森伯瑞跟卡爾．仁伯處不來，兩人之間甚至也處不好。他們反對銷售化妝品，並失去直銷商的信任。

1958年，麥亨傑與卡森伯瑞成立一個直銷商研究團隊，試圖解決問題，杰獲任命為主席。卡爾．仁伯邀請他出任紐崔萊產品公司總裁一職，薪水遠高於他當時的收入。

我打電話給他說：「杰，如果你想去的話，沒關係。不要讓我成為你的絆腳石。」

杰說：「你在講什麼？」

「嗯，如果那是對你很重要的事，」我說，「我不想要妨礙你。」

他說：「我們一起經營事業！我是你的合夥人！我不想要撇下你去做任何事！」那是一項震撼力十足

的宣言。

杰拒絕了那項職位，並跟我說，自行創業以及跟我合夥，遠比一份安定、穩定的收入和領導紐崔萊解決問題來得更加重要。

杰和我也有我們自己的問題要解決。產品銷售下滑，公司內鬨又危及產品供應商的生存，那我們有什麼前途？杰和我必須考慮底下的直銷商組織，數千人依賴紐崔萊產品做為生計和成功的未來。不論怎樣的挑戰，我們相信我們做的事業是合適的，我們未來的基礎就是那些信任我們的人，以及我們所提供的產品與事業。此外，杰和我知道，我們其實是賣給人們一個機會，讓他們利用這種獨特的直銷體系自行創業成功，同時幫助別人這麼做。

只需要有努力工作以達成夢想的決心，不論夢想是增加收入或自行創業的自由。不需要投入大筆資金或者蓋一座工廠，或是買一倉庫的庫存或雇用員工。只需要成功的毅力，辛勤工作，以及幫助他人成功的心願即可。我認為這種態度可以回溯到我在大湍市成長的早年。我們有濃厚的社區意識，人們互相依賴。鄰居希望確信他們的鄰居自給自足，健康幸福。大家住得很靠近，這促使我們去認識及喜歡彼此。鄰居們在前廊聊天，而不是後退到圍著柵欄的後院露台。我相信我對人們的興趣就是這樣產生的，以及為何我一輩子都喜歡和人們接觸。雖然我很珍惜老朋友，我仍然喜愛認識新朋友。還有什麼比幫助擁有才華及志向的人們，更能成為事業基礎呢？

不論紐崔萊會發生什麼事，杰和我都知道「助人亦自助」，這是個可以經營的潛力無窮概念。只要公司和產品是正當的，真正的力量將來自於事業計畫，以及追求機會的人們的企圖心和夢想。杰和我相信，我們可以讓這個機會變得更好，讓人們的報酬更加豐厚。就在我家廚房地板攤開來的一長串包肉紙上，我們的計畫即將展開。

第二部

推銷美國

Simply Rich LIFE *and* LESSONS *from the* COFOUNDER *of* AMWAY

第五章 創立安麗

日子充滿不確定及擔憂的氛圍。杰和我的生計，還有數千名紐崔萊直銷商，都依賴加州的一個大型組織，而這個組織如今正在分崩離析。麥亭傑與卡森伯瑞公司和紐崔萊產品公司正面臨嚴重決裂，前者控制直銷商獲得報酬的銷售計畫，後者則是直銷商銷售產品的唯一製造商。美國食品藥物管理局的新法規實施之後，銷售一落千丈，這兩家公司都在思索因應及彌補的方法。他們獲得一致的結論是再推出其他產品，於是紐崔萊推出以卡爾・仁伯的妻子為名的化妝品系列：「伊蒂絲・仁伯」（EDITH REHNBORG）。可是，麥亭傑與卡森伯瑞公司只想賣臉部與保養產品，而不要全系列化妝品。他們認為這樣比較單純，直銷商比較容易管理，因為產品種類和體積都比較少。麥亭傑與卡森伯瑞基本上沒錯，如果直銷商只銷售保養產品，確實比較單純，可是，他們沒有考慮到未來。他們沒有預見到世事變幻，將來商品將由製造商的中央發貨倉庫配送，而不像往昔一樣由直銷商去取貨。紐崔萊決定，在麥亭傑與卡森伯瑞的銷售人員之外，自行銷售全系列化妝品。我想，卡爾·仁伯認為我們既然是獨立直銷商，便可以跟他的公司簽約，直接透過紐崔萊銷售他的新系列化妝品。

基於製造商和直銷商水火不容所造成的不安定感，杰和我當時決定，我們應該自行創立一家公司，才能避開這些陷阱和保護我們的直銷商團體。杰和我相信我們創業以後，至少可以繼續使用先前讓我們成功成為紐崔萊直銷商的直銷計畫和體系。我們將繼續銷售紐崔萊產品，但我們明白必須再增加一、兩樣產品。我們長久以來一直在討論自己創立直銷公司，如今時機已然成熟。

「安麗」的開端

在這個人生階段，杰和我都有必須自行創業，來維持良好生活品質的個人理由。我們已不再是兩個一起去冒險的年輕光棍。此時我們都已結婚生子。你或許記得，上一章提到杰登門拜訪了一戶人家，裡頭有位「美麗的金髮女兒」，他沒多久就得知她的芳名叫貝蒂・珍・霍克史特拉（Betty Jean Hoekstra），1952年他們結婚，我擔任男儐相；隔年2月，我與海倫・范韋賽（Helen Van Wesep）結婚。等到杰和我成立這家新公司時，海倫和我已育有二子，杰和貝蒂也要撫養子女。我們在密西根州亞達城比鄰而居，日後這裡將成為安麗公司總部。

所以，我們要考慮的不只是自己餬口就好，我們早已過了可以隨意賣掉公司，啟程去航海冒險的日子。回想起來，比起十二年前年輕時成立飛行學校，我們現在創立新公司反而冒著更大風險。人們會接受剛起步的多層次直銷公司嗎？我們推薦加入紐崔萊事業的直銷商會加入我們嗎？我們可以找到客戶願意購買的新產品嗎？如今，我可以看出杰和我早年的創業經驗，已為面對新的不確定性奠定堅實的基礎。假如沒有創立那些事業和展開那次航海冒險，我不確定杰和我是否會考慮這麼大型的新公司。

在種種不確定之下，杰和我決定在事業生涯跨出一大步。我們已安排好一次直銷商的定期旅遊，並決定利用這次會議的機會，來宣布計畫自己成立公司。這一定會令直銷商們大吃一驚，所以，對於這次例行旅遊，我們不再使用「我猜你們一定好奇為何我們要召開這次會議」的例行宣傳。

1958年夏天，我們在夏洛瓦（Charlevoix）舉辦活動，這是密西根湖畔一個風景優美的小型度假地，位於密西根州下半島的北端，四周環繞湖泊、森林和山丘。我們宣布了創業計畫，並向願意加入的人保證，我們會維持紐崔萊直銷商推薦體系之間的事業關係。我們還跟出席這次活動的一些高階人士組成一個委員會，討論新公司的架構。

這個委員會的名稱，我們決定就叫「美國風格協會」（American Way Association）。我們當時認為，美國有許多人都希望自行創業，至今依然如此。我們認為，這正是「美國風格」。數項調查發現，大多數美國人都有強烈的心願想要創業，卻很少人能實現這個夢想。所以，我們希望新公司可以幫助人們創業，但不必獨自奮鬥。他們將得到我們的支持，以及安麗推薦體系的支持，這也成為我們的核心宗旨。還有什麼比在自由企業體系內創立事業，更像美式作風呢？這可是美國開國以來就存在的經濟體系啊！美國風格協會的名稱有些繞口，於是我們保留委員會使用這個名稱，但公司名稱則用縮寫「安麗」（Amway）。

領導的真諦在於尊重

在那次夏洛瓦會議上，杰和我開始與一些我們推薦的直銷商合作。我們一起規劃，仔細討論他們的建議，把計畫攤在地板上檢視他們的想法。這些人是獨立直銷商，不是我們的員工，所以他們可以選擇加入或者離開。他們都說會支持新公司，加入我們，儘管這一切都還未成定局。杰和我早年在創業時已習慣被人拒絕，可是這次，沒有一個人離開那場會議，我們對於他們的反應十分感激。那個核心團體的許多人，日後數十年成為最成功的安麗直銷商，直到今日，他們的子女都是這個事業的領導人。

我覺得，這給我們上了有關領導真諦的寶貴一課。舉例來說，杰和我明白我們一定要成為領導，而且必須有勇氣去領導。大家都願意跟隨，對我們意義重大。我相信，直銷商們願意跟隨，不只是因為他們重視杰和我，也是因為我們要求他們加入的這項舉動，證明了我們重視他們。直到今日，我仍堅信真正的領導人要先尊重別人，才能真正得到尊重。

當然，那次度假會議的一個重要問題是：「如果我們想要拓展產品線，要賣什麼產品呢？」在那次夏洛瓦旅遊，我們便得出答案。杰和我跟核心團體提及我們正在搜尋產品，並請教他們的意見。其中一位直銷商發言說，他知道有一款多用途清潔劑，叫做「FRISK」，是由底特律一家小型製造商生產。因為他認識一個人在生產這項產品，於是他去參觀了工廠，跟他認識的人談一談，並且帶回來一些樣品。一些直銷商開始使用「FRISK」多用途清潔劑，還跟一些客戶分享。直銷商們都很喜歡，於是我們開始訂購這項產品，從底特律運送到亞達城。

我們亞達城住家的地下室，成為安麗公司最初的辦公室和倉庫。現在，大多數人開車越過山丘，看到綿延一英里長的安麗公司總部，包括辦公大樓和製造廠房，很可能不了解安麗公司是無心插柳之下，在這個鄉間地方誕生。當杰和我都還單身時，我們想要物色一塊土地，把房子蓋在彼此隔壁，心想我們總有一天會成家立業。我們在這個山丘上找到一個景色怡人的地點，俯瞰著河流，便決定在此買下兩塊地。買下地之後一陣子，我們才結婚，可是我們的妻子，貝蒂和海倫，都接受了她們無法選擇居住的地點。由於那是我們住的地方，那個社區也成為安麗的發祥地。

亞達城位在大湍市東邊五英里處，直到今日仍是鄉村社區的一個小鎮。這裡是一個典型小鎮，有著廊橋，林木並列的住宅街道，商店設立在兩條交叉的馬路上。我們創立安麗時，這個地方在許多人眼中必然像是無名小鎮。這或許源起於我早在八年級時，就想過著田園生活的心願。有趣的是，當時我在上一門辯論課，有一回被指定到「鄉村與城市生活的好處比較」這個題目。我選擇鄉村生活這一方，我利用亞達城做為我的範例：這裡有河流經過，是個適合居住和生養子女的理想地方，位於鄉村但又距離大湍市不遠。當然，還是中學生的我根本無從知道，有朝一日我會真的在亞達城成家立業。

一切從地下室開始

安麗公司創辦之初，我家地下室是倉庫，杰的地下室則是辦公室。我們共用一個公司電話號碼，用呼叫器提醒對方何時碰面。海倫懂得打字，便幫忙祕書工作，直到我們雇用一位兼職祕書做為我們第一位員工。杰用一台「史密斯．可樂娜」牌（Smith Corona）手動打字機撰寫銷售手冊和每月通訊，用油印機印刷複本，在他的乒乓球桌上裝訂手冊。我們的銷售手冊愈來愈大本以後，杰雇用替他修剪草坪的年輕人來做裝訂工作，後來這位年輕人經營安麗第一家印刷品商店。我們還雇用另外兩名員工，幫忙處理訂單、寫銷貨紀錄，還有發放獎金。

海倫在地下室一間沒有完工的房間，用圖釘在光禿禿的牆面，掛上由她的布朗尼女童軍們絞染成粉紅色的印花布，充當我的辦公室。即便有這個「裝潢」，也無法遮掩公司總部只是一間地下室，只有一張中古金屬辦公桌和辦公椅，旁邊地板上堆放成箱的「FRISK」清潔劑的事實。在我記憶中，那是一段非常快樂的時光，因為我們正在開始拚事業。我不認為我非常期盼安麗可以茁壯到離開我們的地下室，我很感恩能夠在家裡拓展自己的事業，並期待安麗有著光明的前途。我最感激的是海倫以及早期她擔任的角色。她或許猜不透她是怎麼牽扯到她家地下室經營的事業，但她勇敢參加了這項冒險。

直銷商從我家地下室領取「FRISK」清潔劑；我在地下室放了一張躺椅，攤平後可以當床睡。俄亥俄州直銷商來這裡取貨，或者向密西根州潛在客戶說明銷售計畫時，偶爾會在這裡過夜。有一些訂單會直接出貨，基本上都在密西根州和俄亥俄州；我們把洗衣機和乾衣機併在一起，當成桌面，打包要出貨的訂單。隨著銷量增加，杰和我明白，我們不能只是再單純處理訂單，必須能控制所銷售產品的來源和品質，這意味著杰和我在直銷商之外，還必須成為製造商。

富頓街是通往亞達城的公路，距離我們住家不到半英里路，在這條路上有一座白色的磚造加油站，泥地停車場上有兩座加油機。這間加油站銷售汽油給農民，同時維修農機。我們買下這座六十乘四十英尺大小的建物和兩英畝的土地，把製造作業搬進去。杰和我還決定再買下比鄰的兩英畝土地，因為那時我跟杰說：「我們有一天或許需要更多停車位。」這棟建築物還有空間可做為倉庫以及我的辦公室。屋後有一間浴室，再擺上一張床，就成為我們第一批員工其中一位年輕人的住家，他負責管理我們的第一座倉庫。

我們又雇用附近一位年輕人，來幫我們油漆招牌。他在建築物漆上「AMWAY」字樣，後頭加上「家庭與工業用品」，甚至還有「美國風格協會」標誌。這是我們第一家實體公司，我們在此地生產第一項產品，直銷商來取貨，路過民眾都注意到這裡開了一家新公司。

領先趨勢的產品和銷售模式

我們沒多久就把「FRISK」改名為「L.O.C.」（Liquid Organic Cleaner），第一項產品出師告捷，奠定安麗推出更多產品的基礎。這個清潔劑是用天然椰子油衍生物製造而成，不是用煤油等石化產品。早期的宣傳手冊還表示L.O.C.可以用來清洗蔬菜。L.O.C.還具有獨特清潔功效，可去除其他產品無法去除的泥土與汙垢。它是一項優良清潔產品，我們賣得很好。那個時代人們正好開始對天然及有機成分逐漸感到興趣。石化產品的名聲愈來愈差，例如磷酸鹽會汙染水道。廚房水槽和洗衣機的洗潔劑廢水在溪流中起泡，被指控破壞環境和傷害野生動物。我們的產品是可分解的，而且由於使用濃縮配方來減少出貨及儲藏體積，也減少了包裝材料，數十年後大家才真正欣賞這項環保優點。我們第二項產品是洗衣精，叫「SA8」，一樣使用生物可分解界面劑，也是濃縮配方。如同紐崔萊產品遠遠超前營養趨勢，安麗產品也領先環保趨勢。

為了符合「美國風格」的主題，安麗的包裝設計採用紅、白、藍三色。結果，批評者指責我們用美國國旗來包裝產品。安麗的標誌很簡單：AMWAY的字體設計是好像剛從打字機扯下來似的。包裝上也寫有原創標語——「你家門口的家庭清潔專家！」

在增加數項家庭清潔產品之後，安麗很快地被稱為「肥皂」公司，或許也因此遭到一些人批評。我被要求澄清我們的策略，於是我告訴直銷商：肥皂，為什麼安麗要賣肥皂？很簡單，每個人都用肥皂。他們會用完肥皂，然後他們會再買更多。他們不需要樣品便了解肥皂，購買這項產品也沒有風險，因為它附有滿意保證。但即便是像「L.O.C.」這麼單純的產品，我們依然鼓勵直銷商親自使用，然後向潛在客戶證明這項產品有多麼好用。杰甚至寫過一份銷售文件，叫做「神奇的FRISK故事」。

杰和我跟直銷商說，不要只是跟潛在客戶說安麗產品有多麼好，還要跟他們證明。向朋友購買產品，並由朋友親身證明及送貨到府，都可為客戶增添價值，我們認為這是安麗事業風格的特點。

即使隨著L.O.C.多用途強效清潔劑，和SA8洗衣精逐漸暢銷，加上引進新產品，包括擦鞋噴霧、混凝土地板清潔劑、家具亮光劑和汽車蠟，製造作業擴大了規模，杰和我仍然必須四處奔波去召募新直銷商。1960年代初期，我出差參加由紐約州到華盛頓州，由德州到加拿大曼尼托巴省（Manitoba），以及中途各州的直銷商會議。我們的重點是，尋找很快可能成為直銷商的客戶。簽下新直銷商時，我們很開心；找到一名客戶時，我們也開心；直銷商找到他的客戶時，我們更開心。

「獎金推移」和「獎銜」的激勵

由自己當直銷商時期的經驗，杰和我明白麥亭傑與卡森伯瑞公司設計的銷售計畫可加以改進，以改善直銷商成就層級所獲得的報酬。經過多次討論並詢問直銷商的意見之後，1959年，在我家廚房地板上，杰和我展開一大捲包肉紙，開始用圖表列出一項給予銷售額可觀的直銷商報酬的獨特計畫。我們的計畫合理地給予直銷商報酬，不只根據他們個人的銷售額和推薦的各個直銷商的銷售額，更往下延伸到他們推薦的人，還有這些人所推薦的人的銷售額。

若是你想像最後加入安麗推薦體系的人數，你便能明白為何需要用捲筒包肉紙，由廚房地板一直滾到大廳，因為我們寫個沒完；或者你可以想像杰和我坐在地板上，用圖表列出這個複雜的計畫，當然，那時是1959年，我們絕對想不到數百萬名直銷商的報酬，需要動用到尚未被發明的高級電腦。不過，杰和我依然有著遠大的夢想。

我們的計畫是要把獎金一層一層推移，讓獎金推移到第兩百層，或者是一項事業所能達到的最多層級。杰和我夢想著有一天，安麗推薦體系的一條線就有一千人。那麼獎金最後會在哪裡停止呢？所以我們才需要一整捲紙把它寫下來。

杰和我把我們設計的計畫稱為「推移」（pass-through）體系。「推移」計畫是安麗事業的基石，用以確保直銷商報酬是公平的，根據他們的銷售額以及下線直銷商團體的銷售額按比率分配。除了這項計畫，我們也和委員會合作，擬定各個推薦與業績成就等級的獎金。我們建立起獎銜制度，並沿用至今，例如明珠、翡翠、鑽石等等。我們需要一套有意義但簡單的獎勵制度。我們打算在直銷商達到每個新的成就等級時，頒發獎銜給他們，所以寶石的名稱很適合，並且可以讓表彰增添光彩。

安麗早期的吸引力與今日是一模一樣的。人們受到自行創業的吸引，只需幾美元的創業資金就能擁有巨大潛力的機會。人們不需要去投資製造或倉儲庫存，便能擁有數百種產品可以銷售。他們可以從自己帶進這項事業的人身上獲得利益。所以，直銷商有多重收入來源，不只是他們的業績，還有他們推薦的人的業績，還有別人推薦加入他們銷售團隊的每個人。

最後，他們擁有自己的事業，有朝一日可以出售或傳給他們的子女。所以說，假如安麗有任何成功祕訣，我想那就是我們對人們以及他們靠著努力與才華去實現夢想的信心。我不確定當時自己對這些早期的直銷商有多麼感激。但是回想起來，我為他們感到敬佩不已——他們對於一家未獲證明的新公司的肯定，他們對杰和我的信任，他們在面對拒絕時的堅忍不拔。我對他們每個人無比感謝，並且對於他們前來加入感到幸運。

堅持自由企業理念

杰和我從來沒有認為在自由企業體系內經營事業，以及在美國享受的自由是兩回事。我們驕傲地稱自己的事業是「美國風格」，也從不為我們信仰自由企業或是熱愛自由美國感到愧疚。我們創立安麗公司的那一年，卡斯楚（Fidel Castro）占領了古巴。之前兩年，蘇聯發射史普尼克（Sputnik）人造衛星進入地球軌道，然後在1961年初，他們將一位太空人送上太空。現在很難想像，但打贏二戰以維護美國自由與生活方式的美國人，真的懷疑他們是否輸給了共產主義。人們認為共產主義將成為未來的浪潮，甚或將占領美國。創立安麗時我們心想：「創立公司來賺錢並沒有問題，可是我們事業的最終目的是什麼？它要代表什麼？除了賺錢之後，它的前進動力是什麼？」於是，「堅持自由企業」（Standing Up for Free Enterprise）便成為我們的加油口號。

杰和我在考慮自己創業時，我們認為創業機會對美國而言是再基本不過了。每個想要創業的人都應該可以擁有自己的事業！我在我的第一本著作《相信的力量》擁護自由企業，並在我的演講「推銷美國」（Selling America）中，誇讚美國經濟體系。

我並不是擁護什麼理論。我對自由企業的信念，以及我認為自由企業是世上最偉大的經濟引擎，源於杰和我每天看著我們的小公司成長。一個鄉村小鎮的空曠泛濫平原上，開始急速設立起製造工廠、倉庫和辦公室。這裡正是自由企業力量的強力證據，是我所有的演說和著作都無法趕得上的，那就是現在的安麗公司總部。

第六章「以人為本」的企業

常見的「買家注意」笑話，是叫人家不要落入佛羅里達州房地產賣家的推銷花招之中，因為你有可能買到沼澤地。在我們職業生涯這個時期，杰和我已經聰明到不會誤買沒看過的房地產，可是我們卻決定買下泛濫平原上，一塊不是沼澤地的低地。這塊長時間分區買下的土地，最後成為安麗公司的總部。

在我們亞達城住家不遠處，就在穿越鄉村的主要公路富頓街前方，有著數百英畝的空地。我們最早是買下舊加油站的一小塊地，如今此地成為安麗製造公司（Amway Manufacturing Corporation）的現址。我們當時不曉得，隨著安麗成長，將來有一天會需要買下這整片三百英畝的地。幸好，這片土地並不適合開發，在我們買下之前，多年來它一直是塊空地。這塊土地沿著大河伸展，大多屬於泛濫平原，並不適合興建大樓。所以，在擴建時，必須先挖出一些泥土去回填每一個建築工地。挖掘泥土留下的大洞後來灌滿了水，此後便成為所有安麗員工口中所稱的「安麗湖」（Lake Amway）。

我們在1960年搬到舊加油站的建物當中，一年之內，便在為了停車場預做準備的兩英畝地上動工，興建大樓。我們蓋了第一棟辦公大樓，有著石板和玻璃窗戶，當時還一度成為景點。我們的直銷商通訊刊物《安麗月刊》（*Amagram*）的標題宣示——員工搬進布滿玻璃與石頭，令人驚嘆的環境。

我們在正面豎立起一個巨型招牌，用紅、白、藍三色寫上新標誌和口號。趁著這個機會，我去到大湍市的史帝爾凱斯（Steelcase）辦公家具經銷商，選購了第一套嶄新的辦公桌和辦公椅。我們的第一棟辦公大樓，至今仍在亞達城安麗園區；安麗園區如今已在富頓街上延伸達一英里長。在這個巨大園區之中的某個地方，隱藏著當年那個舊加油站的一道牆面。

遵循制度，信守承諾

興建第一棟辦公大樓是一項關鍵決定。當時杰和我心想，我們已蓋好了最後一棟行政辦公大樓，這個高水準建案將可永久滿足需求，這棟辦公大樓將終結所有的辦公大樓。杰和我都才三十好幾，就已經蓋了當時一棟受矚目的建築物。我們感到相當自豪，這是生涯的一個里程碑。這棟大樓也是安麗的實體代表，以及我們不斷成功的象徵。杰和我的辦公室就在隔壁，還有一間緊鄰的會議室。業務蒸蒸日上，這表示必須繼續蓋房子，於是我們維持計畫，把行政大樓蓋在面向富頓街的地方，倉庫和製造工廠在後排。最後，包括噴霧劑、粉劑、液體、化妝品和塑膠瓶的製造工廠，研發大樓，發貨及運送中心，以及數千名員工的行政大樓，安麗的建物面積總計達到四百二十萬平方英尺。安麗第一個完整的年度，業績為五十萬美元；三年後，1963年的業績則為兩千一百萬美元。

有一次，我發現有一名導覽人員跟訪客說：「我們輕而易舉便會達到一億美元的業績。」我把他拉到一邊說：「等一下。這個行業從來沒有人達到一億美元的銷售額。所以，我們在這裡所說的話還是小心一點。」我不能動搖他的信心，但我告訴他：「現在不要過度吹捧自己。我們只談論已有的成就，而不是你預想的。請你不要再講那個金額了。」1970年安麗的業績確實突破一億美元大關之後，杰和我終於承認，這個事業可能會相當龐大，需要擴大我們的構想和規劃來因應成長。事情發展得太快速了，我不記得有花很多時間在銷售數據上。我們真正花時間的是，聘請由會計到研究人員，任何具有我們需要的專長的人手，幫助安麗擴展事業。

那時候，我們把公司的營收全部再投資於拓展事業。我不記得有花很多錢在自己身上、跟別人炫富或裝成大人物。我想我們依然認為，自己是想要過好日子而工作打拚的企業人士。

我退休的父親，是安麗的第一位導覽人員。當時我們只有四十平方英尺的辦公空間，後頭六十英尺遠是一塊開放的混凝土空地，原料堆放在外頭。我們沒有密閉式的倉庫，因為蓋好了牆，就沒錢蓋屋頂了。我們用防水布蓋住一桶一桶的原料，再把原料運進工廠，測量劑量後做成L.O.C.，還有當時生產的其他產品。在那個早期階段，其實沒什麼好看的，我父親來擔任導覽人員，是因為總是會有直銷商和其他人進來，想要參觀安麗的營運。所以，我父親會陪他們參觀，說明我們的作業。對我來說最好的是，我父親活得夠久，在五十九歲因心臟病發作過世前，就能看到這家公司的成立。這一路走來，他一直鼓勵著我。我永遠不會忘記當年他曾經對我說過的話。他仔細考慮了他要跟我表達的意思，花了好幾分鐘跟我說，確定我了解他的重點。

「這個事業真的愈來愈茁壯了，」他告訴我，「它會成為一番大事業。你跟這些人許下很多承諾，包括未來的發展和你們要做的事。不要忘記，你必須履行這些承諾。你必須信守承諾！因此，我要你記住答應人家會做的事，並且確定會實際去做。這個事業進展得很快速，將來的規模會很大，你現在做的事和制定的制度，將來會很重要。上帝很眷顧你，所以你要為自己的諾言負責。」

打響知名度

能聽到父親睿智與關懷的話語，真是我的寶貴時光。他深思熟慮過，並且要我們坐下來幾分鐘，好讓他把他對這個事業的未來，以及遵守諾言的重要性告訴我。遺憾的是，他未能親眼看到安麗獲得巨大的成功。但我向來都知道，他十分以我為榮，因為他是這麼告訴我的。我想他以我為榮，純粹是因為我有信心和技能，實現了他希望我能自己創業的夢想。

身為人父，我現在明白，告訴子女我們以他們為榮，是多麼重要的一件事。我們的驕傲給了他們信心去面對挑戰和成功。我永遠無法償還對父親的虧欠，感謝他在我人生中扮演了單純卻了不起的角色，鼓勵我，並讓我明白他以我為榮。我一直希望對我的子女做到相同的角色。

安麗正在急速成長，杰和我開始感受到，人們逐漸注意到安麗的成功，安麗已成為美國家喻戶曉的品牌。我想我第一次感到吃驚的時候，是保羅·哈維（Paul Harvey）希望來參觀安麗。1960年代初期，保羅名氣很大，他的「保羅·哈維新聞與評論」（Paul Harvey News and Commentary）有龐大粉絲，這個節目每天在全國廣播電台播放。他在空中朗讀節目贊助商的廣告也很有名。

安麗在那個時候沒有廣告代理商，可是我們喜歡保羅·哈維，更考慮贊助他的廣播節目。保羅前來拜訪，他告訴杰和我：「你們說安麗是在地下室創立的。那個地下室在哪裡？」於是我打電話給海倫說有客人來拜訪，好讓她先準備。我們開車載他到我家，帶他下樓到那個曾經是我最初的辦公室，兼安麗倉庫的角落房間。他喜歡兩個年輕人一起創業的故事，覺得很有趣。我們開始在他的節目做廣告，由保羅親自撰寫廣告文案，並在空中朗讀。他會有點即興發揮，訴說公司的故事，再夾雜著讚美。

事實上，安麗的第二個標語就是保羅想出來的。有一次在工商服務時間，他即興地說出一句：「不出門就能購物。」（Shop Without Going Shopping.）1964年起，我們就把這句標語印在安麗標誌旁邊，並沿用了幾乎二十年。保羅協助擴大了我們的事業，同時他多次在安麗大會上發表演說。每當他上台時，他的服裝都是無懈可擊。在知道他搭乘里爾公司（Learjet）的私人飛機飛行數小時後，有一回我們問他是如何在飛機上維持儀容。答案呢？保羅告訴我們，在各個會議之間旅行時，他會脫下長褲掛起來，那麼長褲就不會有皺褶，然後在快要降落之前再把長褲穿回去。從此杰和我很喜歡取笑他搭機時穿著男用短褲。

直銷商就是最好的代言人

另一項打響安麗知名度的宣傳，是在《週六晚報》（*Saturday Evening Post*）刊登廣告，裡頭有諾曼．洛克威爾（Norman Rockwell）（譯註：美國20世紀早期的重要畫家及插畫家，作品橫跨商業宣傳與美國文化）繪製的杰和我的肖像。我們主要在《週六晚報》刊登廣告，因為我們跟當時這份報紙的老闆是朋友，他們鼓吹我們登廣告，並請洛克威爾用杰和我提供的照片替我們畫像。

如同保羅．哈維在1960年代初期為安麗美言是件了不起的事，我認為《週六晚報》刊出洛克威爾所畫的肖像，更為安麗的故事增添價值。我們也贊助1980年代初期由鮑勃．霍伯（Bob "Speaking for Amway" Hope）擔任旁白的一些廣播和電視節目，不過我想杰和我到頭來終於明白，安麗直銷商才是這份事業最佳的代言人。

安麗的新直銷商人數不斷增加，他們又再推薦更多新直銷商加入事業。杰和我明白，除非這批直銷商生力軍有更多產品可以銷售，不然，我們的事業很難真正成長。因此，產品開發成為開展事業的重點。我們最初是銷售家用清潔產品，因為大家都要用，而且很快就用完，便可不斷帶動購買。我們推出的每樣產品都增加了銷售額。但是，直銷商把既有的產品都賣給客戶之後，他們接下來要如何提升業績？所以，安麗一直努力推出新產品。我們成立了一個部門專責研發新產品。

在安麗成立的前八年，我們在全美各地銷售一百種不同的產品。

品質獨特，又附帶滿意保證的一系列優質產品，讓沒有店面或公司大樓的直銷商得以成為事業主。當安麗只有位於鄉村的一家小工廠與辦公大樓，在西密西根以外沒人認識的時候，產品本身也成為一種宣傳方法。

當時的普遍反應是：「有誰聽說過亞達城？有誰聽說過安麗？」於是杰和我想出一個有趣的辦法。我們向大湍市一位熟人買下一輛巴士，把它漆成紅、白、藍三色，還寫上「安麗展示車」（Amway Showcase）和「清潔家庭的獨特概念」（Unusual Ideas on the Care of Your Home）的標語。巴士會向好奇的民眾顯示「歡迎光臨。免費參觀。」

我們請了一位司機，開著這輛巴士巡迴全美各地，停在市區街角或其他交通熱鬧的地方。直銷商帶客戶過來參觀安麗的產品，說明產品製造流程的展覽以及示範。現在回想起來，我不確定這輛展示巴士究竟對業務造成多少影響。可是，這輛外觀奇特的巴士，讓代表一家默默無聞公司在外單打獨鬥的直銷商可以證明，背後確實有股力量在支持他們。

成功的直銷商，造就安麗的成功

為了讓直銷商創造好業績，我們明白他們必須有好產品可供銷售。這輛巴士是安麗竭盡所能去幫助他們經營事業的方法之一。我們一直認為，假如他們做得更好，我們也能做得更好。直銷商會說：「沒人認識我，沒人聽說過這家公司，他們懷疑我們是否確實存在……」諸如此類的話。這輛巴士就是向他們證實，安麗的確存在的一個方法，它也是重要的銷售和行銷工具。回想起來，杰和我一直都在設法協助直銷商，以回報他們對杰和我及安麗的堅持。畢竟，他們是在我們身上冒險。直銷商的生活維繫於安麗的成功及茁壯；而安麗依賴直銷商們的成功，以協助我們成長。我們不能讓他們失望。

杰和我也考慮過，為直銷商設定固定的送貨路線。我們心裡頭依然想著，要把安麗事業做好的話，要像社區牛奶送貨員一樣，定期拜訪同一批客戶。這種想法引發有趣的討論：「安麗是產品事業或是直銷事業？」隨著安麗的成長我們明白，產品固然重要，但同等重要的是直銷事業的吸引力。安麗的特點在於直銷商藉由銷售產品和推薦新直銷商，來建立自己的事業。杰和我擬定規則，指導直銷商建立均衡事業，兼顧銷售和推薦。產品銷售是安麗賺錢的關鍵，不過，當時我們還沒有把焦點放在產品上。我們明白，想要成功的話就要兼顧產品銷售，以及讓直銷商有機會可以推薦新人，利用推薦體系來創立事業，同時協助他們銷售及推薦。

為了協助直銷商成功，我的主要工作是在全國各地舉行會議。舉例來說，鳳凰城有一位直銷商想要在他家裡和幾名潛在客戶開會，我就會前往鳳凰城，為他們邀請的客人進行一場召募會議。我會訴說安麗的故事，並且希望有些出席的人能夠簽約加入。會議出席人數由幾人到數十人不等，甚至數百人，視安麗在該社區的影響力而定。我們早期的成功也依賴紐崔萊直銷商，他們有意加入安麗事業，並且早已擁有來自紐崔萊事業的大批直銷商。這對於我們跨出亞達城建立起全國事業，尤其有幫助。

杰和我建立安麗事業的方法，正是我們建立紐崔萊事業的方法——由一個人展開的人際網絡，然後不斷擴展。有一些安麗史上最成功的直銷商，最初就是杰和我推薦的紐崔萊直銷商，後來他們把安麗推薦體系的人數擴增到數萬人。

畫圈圈的由來

在早期，我們推薦了華特．巴斯（Walter Bass），剛認識時，他是大湍市最大電台之一的伍德電台（WOOD Radio）業務經理人。華特在大湍市一家飯店的地下室，給他的理髮師佛瑞德．韓森（Fred Hansen）理髮。華特推薦佛瑞德和他的妻子柏妮絲加入安麗事業。後來，韓森夫婦搬到俄亥俄州凱霍加瀑布（Cuyahoga Falls）去銷售拖車房屋。華特和我開車過去，在他們家客廳跟大約六個人舉行一場召募會議。韓森夫婦接著推薦替他們送牛奶的傑瑞．杜特

（Jere Dutt），杜特又再推薦他的同事喬・維克多（Joe Victor）。傑瑞還認識一個在紐約州羅馬市一座監獄工作的人，名叫查理・馬許（Charlie Marsh），就推薦了他。所以，這些早期的活動與人脈，不僅催生出安麗史上一些最成功的人士，他們還把安麗的範疇由密西根州，擴大到俄亥俄州及紐約州。

在此，順帶一提畫圈圈的起源。所有安麗人都知道，直銷商如何用畫圈圈的方式說明事業計畫。會議主持人首先會畫一個圓圈，代表一個可能有意願成為安麗直銷商的人。原本的圈圈到其他圈圈之間的線條，表示這個潛在直銷商可能推薦的人。接著，這些線條由第二層的圈圈延伸到他們可能推薦的人。也就是說，畫圈圈代表人們加入這個成長事業之際，不斷擴大的網絡。查理・馬許或許不是第一個使用畫圈圈方法的人，但他顯然做得很好，以致於他被封為第一個畫圈圈的直銷商。

安麗事業由俄亥俄州凱霍加和紐約州羅馬市散發出去的力量，實在很驚人。事實上，凱霍加的會議後來擴大到數千人，大到我無法不參加。海倫到現在都還會嘮叨我，因為在我們結束蜜月回家的途中，我堅持停下來去參加凱霍加的一場會議。

在另一場俄亥俄州會議，建立了安麗另一項重要傳統。我受邀在肯頓市（Canton）一場會議介紹傑瑞．杜特，出席人數大約有三千到四千人。我先介紹傑瑞，再另外介紹他的妻子。傑瑞後來把我拉到一旁說：「你介紹時說錯了。應該是傑瑞與伊蓮．杜特夫婦。我們應該認同伊蓮是這項事業的平等合夥人。」這真是一項好建議。直到今日，我們在口頭介紹和書面資料都用這個方式介紹這個事業的所有夫妻。順帶一提，傑瑞和伊蓮在1964年成為安麗第一批鑽石直銷商，這是當時安麗事業的最高成就。

「以人為核心」

有時候你根本無從知道，你是如何或在何處的小型會議播下種子，而它有朝一日將開花結果。我先前提到那場鳳凰城的小型會議，就是一個很好的例子。過了一陣子以後，我到加州賓納鎮（Buena Park），紐崔萊公司總部附近參加一場會議。一個曾經參加鳳凰城會議的人，從舊金山搭巴士過來出席。他在會議室外頭徘徊說：「我不知道是否能夠進場。」

我說：「你想加入這個事業嗎？」

「是啊，」他說。

「那麼，請進吧！」我說。

那次會議結束後，他簽約加入，並且開了張支票買了創業資料。他要離開時跟我說：「請等到至少禮拜一以後再兌現那張支票，因為我要等到那時候才能回到家，把我的薪水支票存進去。」

下一回我經過他的地區時，我在他家車庫舉行了一場會議。他們在SA8洗衣精的箱子上放了木板，充當大約十多人的座位。那是我們第一次在北加州辦會議，也是法蘭克及麗塔・德利爾（Frank and Rita Delisle）夫婦的事業開端。他們由銀行支票戶頭餘額不夠支付一份創業資料，最終建立起一個龐大的直銷商網絡。

那段時間，我很多日子都在出差，沒辦法跟家人在一起。但我沒把出差和直銷商開會當成是工作。這當然又是我熱愛與人們接觸的天性在作怪。我就是著迷於認識這些熱心積極的人，並敬佩他們在全國各地建立龐大事業的進取心。我從未忘記他們才是事業核心。

紐崔萊與安麗合併的契機

1972年時，我們的事業蒸蒸日上，全年銷售額達到一億八千萬美元。唯獨有件事需要解決。杰和我以前曾是紐崔萊直銷商，所以明白假如想要保持這種成長腳步，安麗需要擁有一個營養保健食品系列。我們很清楚紐崔萊生產最好的營養保健食品，於是就跟他們聯絡，想看看他們是否有意出售事業。杰和我在1950年代銷售他們的產品時，我們認為紐崔萊是一家大公司。可是即使到了1972年，他們的年度銷售額還是只有兩千五百萬美元，與安麗的業績相較之下，紐崔萊已不再那麼巨大。

我們去找卡爾．仁伯談，告訴他：「我們想要把你的全系列產品納入我們旗下。你怎麼說？」他在吃驚之餘說：「我們好好談談。」卡爾雇用一個主管團隊幫忙經營公司，可是紐崔萊的事業已大不如前。他聘請的公司主管搞不懂該如何讓公司成長，所以，他們認為出售公司值得考慮。我們提出一個覺得合理的價格及一套方案，並前往加州簽約。卡爾和他的家人及一些公司員工，招待我們到他的俱樂部，慶祝紐崔萊公司被納入安麗旗下。

但是，當我們面對紐崔萊產品的主力直銷商時，卻要面對嚴酷的事實。安麗成立十三年以來，市場上多了一些競爭，一些紐崔萊直銷商變成了安麗直銷商。紐崔萊有些人認為我們搶走他們的事業，還偷了他們的直銷商。所以，對參加會議的這批紐崔萊主力直銷商來說，我們不是安麗公司。許多人罵我們是「該死的安麗」（Damnway）。杰和我抵達會議室時，裡頭有大約兩百名被公司叫來參加這場特別會議的紐崔萊直銷商。卡爾的兒子山姆，一直與父親密切配合經營事業，他宣布紐崔萊公司已出售，買家承諾會維持行銷計畫，甚至加以改善。

然後，他介紹了新東家——杰和我。

雖然我不記得有人發出噓聲，卻記得沒有人鼓掌。他們相當訝異。我到現在都還記得那場會議：杰和我孤伶伶地站在這群人面前，承受他們冷漠的眼光和怨恨的表情。那一天，我們在那裡沒什麼朋友。我們開始告訴這些直銷商，安麗計畫如何合併兩家公司，以及打算如何接收所有人馬。萬一發生衝突，我們保證會好好解決。我們說，安麗將為他們打造更好的事業。但那次會議真的很艱難。結束後，有些人來找我們談，我們跟他們說明安麗事業，還有營業狀況。他們無法相信安麗的規模成就。

以信念和努力跨越障礙

我的工作是出差——進行簡報，參加或主持會議，在直銷商座談演講。我通常會安排一趟全國巡迴行程，在有足夠直銷商的城鎮停留。直銷商會定期舉行會議，我則受邀擔任嘉賓。在其他城市，安麗員工會安排讓我發言的會議。這讓我想起傑瑞·杜特有一次請我在凱霍加一場大型會議上講話時，他跟我說的話。

我說：「你希望我說些什麼？你要我談安麗嗎？」

傑瑞回答：「不。請你談自由和自由企業！那才是我們想要聽到的。我們都知道安麗了。我們自己可以分享故事。但請你告訴我們，我們為何要做這個事業？我們為何要努力工作自行創業，為何這對我們及美國極為重要？我們希望感受到，藉由幫助別人，我們讓這個世界變得更加美好。」

那就是我當時講話的主題，並且從此成為我跟直銷商談話的核心主旨——自由美國的機會。只需一丁點資金，加上努力打拚、自行創業的遠大志向，你便能成功。聽起來真像是安麗直銷商，不是嗎？這些談話成為我最值得紀念的演講的框架，例如「四個階段」（The Four Stages）、「嘗試或哭泣」（Try or Cry）和「乘風破浪」（The Four Winds）。

這時，來了個晴天霹靂。1969年夏天，我們全家在北密西根湖的船上避暑，當天深夜我接到電話，噴霧劑工廠起火爆炸了。杰當時在家，他後來說他以為聽到了「聲爆」（sonic boom）。七月的夜晚，那場爆炸將亞達城的天空染成紅色。翌日清晨我們飛回去，噴霧劑工廠已夷為平地。不幸中的大幸是無人死亡，遭到燒傷的十七名員工經過治療後，最後也全都出院了。消防隊控制住火勢，沒有波及園區內其他地方。

正如杰和我在船沉沒後仍繼續旅行，以及早期銷售紐崔萊產品時，遭遇的拒絕多過達成交易，我們決心振作起來，重新開始。多年後，我們一直跟直銷商訴說這次教訓。杰和我沒有別的選擇；我們要履行承諾。父親告訴我要信守給那些依賴安麗的人所許下的諾言，直到今日我都沒有忘記他的忠告。

除了興建數百萬平方英尺的大樓以及開發數百種產品，安麗的成功與本質，依然建立在人們的才華與合作的成就上。有一段時間，我們以為新的安麗事業純粹是要開發產品和銷售產品。優質的產品固然重要，但我們明白，直銷商還有其他動力——靠著努力、毅力和自信來成功創業的機會。那正是在早期會議上，直銷商為何不要我只談論安麗事業，更要談論樂觀與毅力的原則。我告訴他們：「你們可以做得到！我相信你們！」安麗的動力，向來源自於相信自己辦得到，相信別人也辦得到的人。正因為如此，安麗直銷商的人數急速增加，由密西根州亞達城擴增到俄亥俄州凱霍加，再到紐約州羅馬市，再到加州，最後遍及全世界。

基於他們無比的信念與努力，工廠遭祝融燒毀根本不會阻撓我們。此時，克服挑戰已成為生活和經營事業的方式。但在那個時候，我們壓根沒猜到，安麗將面臨及克服更加巨大的挑戰。

第七章 四面八方的批評

有一句荷蘭古諺這麼說：「最高的鬱金香會被剪掉。」在安麗驚人的成長之後，我們已經令人不得不留意；有人或許會好奇，這家獨特又成功的公司究竟在幹什麼，有人甚至想剷除我們。1975年，安麗的全年營收已達兩億五千萬美元；海外市場擴及澳洲、英國、香港和德國；有一艘公司遊艇和噴射機隊；在家用產品和紐崔萊產品之外，還推出化妝品（ARTISTRY）、鍋具（Queen）和個人保養產品（SATINIQUE）。1959年，杰和我趴在廚房地板用長長的包肉紙，為新創公司安麗規畫新穎的事業計畫時，我們早已料想到，有一天這份計畫會受到懷疑者的審視。畢竟，我們可是經歷了十年新穎的紐崔萊事業，並且受到食品藥物管理局的調查。

安麗成長得十分迅速，並開始受到矚目。人們搞不清楚這種「你推薦某人，那個人再推薦別人」的事業是如何運作的，他們也質疑安麗的合法性。當時，直銷與多層次傳銷都受到懷疑。在眾人眼裡，安麗不是一家典型的公司，而是做直銷商的隔壁鄰居在賣安麗產品。基於多層次的傳銷手法，一些人誤以為這種事業就是「老鼠會」。

這種懷疑心態在1975年變成了實際行動，美國聯邦貿易委員會（Federal Trade Commission）對安麗提出正式控訴。該委員會指控安麗的事業計畫是一種「金字塔傳銷，讓直銷商無限制吸引其他直銷商……終將失敗」，其中包含「無可忍受的欺騙可能。」他們宣稱安麗設定價格，告訴直銷商用何種價格去銷售產品，又說安麗限制直銷商活動，不准他們在零售商店銷售產品，並且指控我們對成功的潛在機會做出不實陳述。

第一個打擊：美國聯邦貿易委員會的指控

這些指控讓安麗的前途岌岌可危。可是，我們知道自己行得正坐得端，所以我們第一個反應是——一定要反擊！接下來的兩年半，包括行政法官召開長達六個月的聽證會，我們全力反擊。你很難打贏政府，因為他們有無窮的時間和金錢，律師能夠一直纏訟。當律師傳喚我的時候，他們拿出前安麗直銷商所作的證詞來問我，說他們曾得到保證，一個月可以賺一千美元，但卻一毛錢也沒賺到。

聯邦貿易委員會為了成立案件，第一個動作是詢問所有安麗直銷商的姓名。他們寄信給直銷商，請那些沒有實現夢想的人提供證詞，一些人非常樂意配合。聯邦貿易委員會掌握了一批因為各種原因，而心生不滿的前直銷商。檢方挖出對安麗不滿的人，從中搜索出他們認為最好的證人，可以在庭上給我們迎頭痛擊。

前直銷商作證時，我會跟我的律師說：「問他之前是在做什麼工作，現在又是在做什麼。」在大多數案例中，他們都改善了生活。或許他們沒有留在安麗，可是最後還是享受到嘗試自行創業的好處，而且過得比以前好很多。事實上，被問到問題時，他們都承認生活過得好多了。我們的律師問他們何以如此，他們坦承那是因為安麗指導他們如何經營事業、銷售產品、設定目標、自我激勵，以及和人們合作。聽到這裡，我們的律師會說：「謝謝你。辯方沒有進一步質問了。」我們證明，在安麗我們鼓吹努力才會成功，而且即使沒有做好安麗事業，或者沒有留在安麗的人，都大幅改善了他們的生活。

聯邦貿易委員會後來裁定安麗不是老鼠會，因為報酬完全是依據銷售產品給終端使用的消費者，而不是召募新人。根據他們的裁定，安麗事業計畫成為合法直銷事業的模式，其他直銷公司此後一直試圖模仿。該委員會甚至指出，安麗產品獲得廣大消費者接受，雖然我們的市占率低，又不做全國廣告，卻在品牌忠誠度上拿到第三名。聯邦貿易委員會承認，安麗設計出嶄新的模式。面對寶僑（Procter & Gamble）等廣告支出相當於安麗總銷售額的兩倍以上的產業巨擘，我們的直銷商引進「全新的競爭態勢」，由壟斷市場的大型公司手中搶到生意。該委員會發現，安麗的事業計畫明確表示，直銷商必須努力工作，物質報酬取決於工作的質量。一名法官甚至在結案後跟我說，他認為安麗的事業計畫，是真正創新及獨特的商業模式。

創業需要積極態度配合

與聯邦貿易委員會的官司，設定了合法多層次直銷事業的標準。這場官司成為測試案例，設定了今日所有多層次直銷公司經營的標準與指導綱要。

不過，聯邦貿易委員會要求我們對訂價政策做出調整，並且要求安麗提供每位新直銷商，一份八頁的事業計畫說明。他們也審查安麗的月刊和銷售資料，以確保其中沒有做出宣稱，或是用照片暗示著大多數直銷商不太可能賺取的財富。安麗依然明確揭示，這項事業需要努力工作，而不是「快速致富」。

雖然裁定對我們有利，但聯邦貿易委員會原先對安麗的指控已造成誤導。多年以後，凡是不了解安麗事業的人，宣稱受到誤導，或宣稱我們的計畫完全不管用的前直銷商，都把它用做制式批評。不滿的前直銷商和其他批評者用寫書的方式，做出幾乎完全一模一樣的指控：他們並未獲得被說服相信，可以達到的成功。

跟聯邦貿易委員會一樣，他們顯然沒有聽到直銷商也需要努力工作這個部分。聯邦貿易委員會證實，安麗事業計畫明確表示，直銷商必須努力經營事業，物質報酬取決於努力的質量。對於批評安麗的人，我們也想強調，沒有人會因為嘗試安麗事業而承受財務風險。直銷商創立安麗事業的唯一成本是加入費，他們會得到宣傳、輔銷資料和其他協助。即使他們後來決定不要經營事業，也可以使用自己購買的產品，而且這些產品都附有滿意保證。如果新直銷商認為這份事業不適合自己，我們甚至會退回加入費。如果他們試過之後卻失敗了，如同那些在聯邦貿易委員會的案子出庭作證的前直銷商所說，也會得到好處，因為他們曾經與積極的人一同設定目標，並且試圖自己創業。

回想起這個案件，以及對於安麗的類似批評，我必須老實說，我完全無法理解那些踩在別人身上往上爬的人，還有那些將自己的失敗歸咎於外部因素，而無法面對人生責任的人。許多人都曾經試圖經營安麗事業，最終卻失敗了。若他們誠實的話，就會承認自己其實沒有好好努力去銷售產品和推薦人們加入。

創業需要辛苦、長時間工作，忍受挫折和保持積極態度。不具備或者不願接受這些特質的人，應該尋找其他謀生方式。我並不反對那些嘗試過安麗事業，但認為不適合他們的人。不過我希望他們能夠為自己的行為負責，而不是把一切都怪罪於這項事業。如果安麗事業不健全，就不可能成長及繁榮了逾半個世紀。那些在聯邦貿易委員會案件對安麗作出不利證詞的人，或許是想要獲得某種形式的補償或滿足。但我不認為法官或是和解可以提供給他們真正需要的東西。

第二個打擊：加拿大國稅局的調查

在安麗成功多年後，一些人惋惜說他們原本有機會在早期投資安麗，但這是異想天開，因為我們從未提供合夥人制度或開放股權。不論是早期或是今日，如果有人想要建立成功的安麗事業，他們不需要也不能投資公司。他們只需要簽約，花幾美元購買創業資料，然後勤奮工作，下定決心，直到達成目標，絕不放棄。

今日安麗所提供的成功潛力，與1959年創業之初是一模一樣的。安麗在1959年是個對大眾開放的機會，至今依然如此，任何人想要簽約成為直銷商，願意專注努力工作，有著實現夢想的毅力，都可以加入。

到頭來，聯邦貿易委員會的案件反而有助於證實安麗的合法性，尤其是在拓展海外市場的時候，即便我們認為這個案件是政府再次誤解商業原則，以及攻擊自由創業。幸好，這項曠日廢時的調查和媒體報導，並未損及安麗的成長。在聯邦貿易委員會提起訴訟的四年後，我們的銷售額增到三倍以上，達到八億美元。

可惜的是，我們接下來要克服的艱巨挑戰，並不是這樣的結果。1982年，加拿大皇家騎警隊突襲搜索安麗加拿大公司總部，並向媒體發表聲明，指責安麗欺瞞加拿大國稅局（Revenue Canada），逃漏超過兩千八百萬加幣的關稅。加拿大國稅局尋求一億一千八百萬美元的罰鍰，還威脅要引渡杰和我到加拿大法院受審。

我認為加拿大政府的指控完全是無的放矢。以今日的了解，再回想這些年以來，我的看法可能十分正確。隨著時間流逝，我很確定他們不喜歡安麗倡導自由創業。無論如何，與加拿大政府的案件讓我輾轉難眠。聯邦貿易委員會的案件是個重要議題，但卻是個商業議題，我們只需跟本國政府證明即可。可是，加拿大政府指控安麗詐欺，我們還被威脅會被判重刑，這就讓我傷腦筋了。認識你的人知道你沒有犯罪，但這並不表示許多根本不認識我們的人也是這麼想。

我們在加拿大的營運，是依據1965年的租稅協議，在此之前，我們出貨的產品或繳納的稅金，從未與加國海關官員或加拿大國稅局發生糾紛。加拿大國稅局在1980年單方面修改稅則。安麗是一家美國公司，跨國界輸出產品到我們持有的加拿大公司。我們銷售產品給加拿大直銷商，而他們是用建議零售價格銷售產品給客戶。

加拿大國稅局突然間對安麗產品的應稅價值，和我們在加拿大的事業營收所應繳納的稅率級距提出爭議，所以這成為一件棘手的案子。我覺得這是政治操弄。安麗後來繳交兩千一百萬美元罰鍰以和解刑事指控。民事訴訟則拖了漫長的六年，直到最後我們決定終止纏訟的法律費用，以三千八百萬美元和解。這大約是加拿大政府指控安麗虧欠金額的四成，以我們1989年全年銷售額十九億美元來看，也不是一筆天文數字。這可是我最大手筆的捐贈——卻沒有任何一棟大樓以我來命名。

為直銷商信守承諾

儘管我們不願支付數千萬美元，與認為受到不公平指控的案件和解，但是，加拿大國稅局官司的真正傷害，還有我們最後決定和解的理由是，負面宣傳不斷傳出，並且波及安麗事業。我們無法再忍受報紙總是報導，安麗被指控的詐欺刑罰最高將面臨二十年的刑期；這已不是單純的查稅案件。我們大受打擊，更必須重新建立誠實的名聲。安麗在加拿大和美國的事業都一落千丈，銷售下跌了好幾年之後，我們才能重新起步。安麗流失了一些加拿大直銷商，但我們很感謝許多留在身邊，繼續建立他們事業的直銷商。和解官司的五年後，報紙新聞還會提及我們曾被加拿大政府指控詐欺。這個字眼是所有企業都不想沾染上的。

如果不是為了顧及輿論，我們會堅持打官司打到底。但是你無法忍受新聞每每都要提到加拿大，提醒人們你曾被指控詐欺。這個案子似乎在報紙上沒完沒了。當時我不願出現在大湍市區的安麗格蘭華都飯店（Amway Grand Plaza Hotel），因為我覺得人們會說閒話。在這種負面報導之下，我就是不想公開露面。

《大湍報》每天的頭版都是安麗。我對執行編輯十分火大。他後來告訴我：「你應該要習慣上頭版新聞這件事。」當時我是在抱怨，我覺得有一則報導根本不夠重要到可以上頭版，於是我跟他反映。

他說：「如果扯到你的名字，那就是頭版新聞。因為你所做的每件事都是頭版新聞。認命吧！你是這個鎮上的名人，你所做的每件事，不論好壞，都會上頭版。」直到今天，差不多還是這種情形。

杰和我那些年都消磨在這個案子上。我們的注意力大多放在如何解決官司，律師有什麼進展，應該採取什麼行動、採取何種辯護，與律師會面研究案情。我們不讓飛機進入加拿大，免得飛機遭到沒收，也關閉了加拿大工廠。我們也曾考慮乾脆收掉安麗加拿大公司，但是有太多直銷商和員工依賴著安麗。

回想起來，這證明了安麗對直銷商的承諾：我們不會遺棄他們。可是，我們也無法承受總是在報紙頭版受到抨擊。在那種情況下，直銷商很難銷售產品，但公司必須維護他們的事業，所以最後我們認為必須和解。我們也必須考慮到自己的家庭。在這種情況下，子女通常會承受父母的罵名。我記得孩子們在吃飯時表達他們對這個案子的憂慮，這也成為家庭禱告的一大主題，有時禱告我們還愴然淚下。

「60分鐘」的調查報導

加拿大國稅局的報導，同時也引起其他主流媒體的注意，想要報導安麗。1982年我們獲悉，具有高收視率的哥倫比亞電視網（CBS），禮拜日晚間新聞節目「60分鐘」（60 Minutes），想要製作一集安麗特輯，並已在拍攝直銷商的大型會議。在加拿大國稅局的負面報導之後，我們格外有理由擔憂，因為當時流行一則笑話：「當你抵達辦公室時，發現麥可．華勒斯（Mike Wallace）和『60分鐘』的工作人員正在等著你，你就知道今天要倒楣了。」

麥可．華勒斯以「突擊」訪問對象而聞名，所以我們先做好萬全準備。自從我們知道「60分鐘」想要製作一集安麗特輯後，並沒有坐等華勒斯意外出現，讓我們措手不及，而是主動邀請他到安麗來，歡迎華勒斯和他的工作人員。我想安麗的辦公室和生產設施讓他吃驚不已。我們對他們彬彬有禮，如同其他訪客一樣以禮相待。我想這建立起良好的氛圍，杰和我一致認為我們的訪談進行得很順利。不過，在他們結束有關報導的工作之前，我們還是感受到一絲憂慮和壓力。

「60分鐘」花了一年時間進行這項調查報導，名稱為「肥皂與希望」（Soap and Hope），在1983年1月9日播映。內容包括不滿的前直銷商談話，演講人在安麗會議上被斷章取義、不足以代表所有直銷商的影片，還有關於加拿大關稅的尖銳問題。不過，普遍的看法是，這段報導還算平衡。再不濟，觀眾也看到這家公司比許多人的想像來得龐大和有制度；杰和我在跟華勒斯解說令我們十分自豪的安麗時，顯得泰然自若，而且開誠布公。

華勒斯的報導最後有了好的結局。一年後，我們邀請他參加杰和我所購置，並重新裝修的飯店——安麗格蘭華都飯店（稍後詳述）——新建大樓的落成典禮。「賴瑞·金脫口秀」（Larry King Show）在大廳做了現場電台廣播，賴瑞·金還訪問了華勒斯，他跟賴瑞·金說：「我們以為，必須在無法得到配合的情況下製作報導，但這些人真的很有格調。他們開放我們拍攝足夠的影片，而且面對一切。我們發現安麗的產品很好，並不是老鼠會。」他甚至在接受地方報紙訪問時表示：「亞達城的人是第一流的。」在節目播出後，我跟直銷商說：「老早之前我們就得到通知。杰和我想要把節目撤掉，但他們說不論我們是否配合，他們都要製作這個節目。我們最後決定，如果他們無論如何都要做，便不能躲避。即使是一場災難，我們至少要起身捍衛信念。我們是不會逃避的。」

為安麗挺身而出

「60分鐘」播出後不久，杰和我受邀參加全國播出的「菲爾・唐納修脫口秀」（Phil Donahue Show）。菲爾・唐納修出名的原因是，他報導具爭議性的題材，並且給現場觀眾機會向節目來賓發問。我們事前得知，這個節目已找來一群不滿的直銷商擔任現場觀眾。

杰說：「我不要去參加那個節目了。我不要跟他們打照面，讓他們自己去弄節目就好。我不去。」

我說：「我要去。我不會讓他們宣稱邀請了我們兩人，但我們都不願參加。我寧可被修理，也不願缺席而無法為我們的立場辯護。我會去。」

我事前跟唐納修溝通，他說會請我跟他一起坐在台上，接受觀眾的發問。我說：「如果大家都搞不懂我們在講什麼，你為什麼要做這個節目？電視觀眾搞不清楚前因後果，只會看到這些人在抱怨安麗。」他說會在節目裡加入一段介紹，說明這個議題，然後再聽直銷商的意見和提問，甚至還有一些抱怨。在那之後，他會就現場觀眾的意見來訪問我。

我抵達芝加哥的攝影棚之後，他說：「我改變主意了。不要做說明了，直接開始吧。」結果，我被安排坐在舞台邊緣，而不是台上，就坐在一群直銷商觀眾前面，而且唐納修煽動觀眾對我有話直說。有些人很支持很尊重，可是許多人都具攻擊性。那時候安麗事業正處於谷底，所以一些直銷商的業績不太好。還有些人過度吹噓這個事業機會。

我想要保持和善，因為我不想跟自己人交惡。我猜唐納修以為播出觀眾的抱怨，會讓安麗很難看。因為到了最後，他拒絕在節目開始時加入任何說明，以提供前因後果，電視機前的觀眾根本不明白這是怎麼一回事。儘管一片混亂，但我想我做得不錯。那個禮拜，我收到當時的第一夫人芭芭拉．布希（Barbara Bush）寄來的明信片，上頭寫著：「狄維士10分，唐納修0分。」多年來我一直支持共和黨及其候選人，我因而結識布希總統賢伉儷，她的明信片充分流露她的仁慈。

化挫折為前進動力

最後，新聞媒體的高度關注反而是有利的，幫助我們認識自己，也讓別人認識了安麗。此時，安麗正開始專心進行一些改變，解決一些造成誤解的獨立事件。我們正式制定規定和標準，規範演講和直銷商的安麗事業輔銷資料，我們時常派公司代表出席直銷商的大會。直銷商只能使用符合標準的產品和事業宣傳。我們掌握直銷商所做的言論和宣示，因為他們代表著公眾眼中的安麗。

這些跟政府及媒體打交道的經驗，多數為負面的，也是安麗為求生存必須克服的一些挑戰。這些挑戰和以往相比，更加龐大及嚴厲，但我們得到的教訓是一樣的：持續嘗試而不哭泣，堅忍，保持希望。早期的一些挑戰似乎很龐大，例如創立航空事業時，機場沒有蓋好；船沉沒在黑暗的深海；只有兩個人出席一場紐崔萊會議。但跟噴霧劑工廠被燒毀相比，這些都不算什麼。但即使是那場火災，也比不上美國聯邦貿易委員會和加拿大國稅局的威脅。

麥可．華勒斯上門時，我們並沒有認命地接受那會是倒楣的日子。我們知道，凡是有夢想、敢與眾不同，或嘗試新事物的人，總會招致批評。早期，杰和我希望安麗成為家喻戶曉的公司；後來，當安麗在電視情境喜劇被用做笑點，招來廉價笑聲時，我們索性把它視為安麗名聲遠播的一環，然後繼續創造更大的成功。凡是超越群眾太多的人，或早或晚都會引起批評者的注意。我們度過風暴，繼續前進。

此時，我們將挑戰視為需要克服或迴避的障礙。這使得我們更能充分準備成長中事業的下一章——安麗將出發到全球各個角落。或許這是一項過於艱巨的挑戰，最好想都不要想，但是沒多久，一些世界上最不可能的地方都將接受安麗。

第八章 將安麗傳遍全球

杰和我時常被稱讚為有遠見的人。如果真是這樣，我們在1959年創辦安麗公司時，或許就會預見到，想要自己創業的念頭並不只局限於安麗。1962年杰和我越過國境在加拿大開拓事業，以及將近十年後在澳洲成立第一個海外分公司，安麗一直是在跟美國國情極為相似的國家營運。不久之後，每開拓一個新的國際市場，這個概念就變得益發清晰：全世界各地的人們同樣都希望有機會可以自行創業。看到安麗的標誌旁邊伴隨著日文或中文，讓我有些吃驚。二次世界大戰時我曾經在海外服役，以捍衛美國民主；返鄉後則急於在我以為，只有美國獨享的自由當中追求成功。今日，杰和我都明白事情不是這樣。我們所說的美國風格夢想，無法被局限在國境之內，也無法用國籍來限制。

我們決定進入加拿大，做為第一項國際事業。杰和我當時很天真，心想在講英語的國家，就不必重新印製美國使用的資料。但我們忘記了，加拿大有許多講法語的人，所以必須另外印製法語的資料和產品標籤。杰和我原先打算在加拿大單獨成立一家公司，局限在加拿大境內，不進行跨國推薦，但是沒多久我們便明白，從頭成立一家公司遠比預期的更加複雜。我們的結論是，美國有很多人跟加拿大有關係，只需想出一套方法讓安麗成長，直銷商人數也會成長；我們去哪裡，他們也會跟著去。日後的海外分公司，都是全新成立的公司，但我們同時也設計出一套系統，讓直銷商在所有的市場都可以進行推薦。

跨出海外的第一步：澳洲

安麗公司創立三年內，便開始在加拿大經營，因為美國直銷商在那裡有親朋好友和商業關係，並且想要開拓新市場。亞達城距離密西根邊界到安大略省，只有一百五十英里。除了魁北克以外，並沒有語言籓籬，而且加拿大的經濟、政府結構與文化都跟美國很相似。因此，安麗很快便掌握了擴張機會，成為一家國際企業。相較之下，下一個動作才是一大步——橫越半個地球在澳洲開拓外國市場。當時有個笑話說，選擇這麼遙遠的國家，是因為萬一第一家海外公司失敗了，美國本土也不會有人知道。這當然不對，不過，說我們基於跟加拿大相似的理由而選擇了澳洲，也不是完全正確。

事實是，安麗並不是真的選擇澳洲，而是澳洲選擇了安麗。澳洲人時常搶先註冊美國公司的名稱，猜想有一天這些公司會在澳洲營運。他們會註冊公司名稱，生產幾樣名稱相關的產品，然後等待這家美國公司到澳洲來。因為澳洲人已擁有註冊商標，外國公司必須花錢買回他們的名稱，才能在澳洲經營，安麗就是這樣的情況。一位澳洲人在澳洲註冊了安麗的名稱，甚至其他產品的名稱。他是位直銷商，還有銷售以ARTISTRY品牌為名的化妝品，這個產品他也已經在澳洲註冊，獨家使用。我們的澳洲律師說，這種情形在那裡早已司空見慣。他還有一份寫好格式的文件，只要簽名就可以把商標名稱買回來。他跟我說，我只需要前往澳洲，跟那個人談好一個價格，然後在文件上簽名即可。

因為我當時正好人在澳洲，便安排與他會面。他是個很好的人，我們聊得很融洽。我告訴他：「這裡有一份文件，我們只需談妥價錢即可。你和我都知道這一天總會來的，現在這一天已經到來，而你一直在等這一天。所以，我來了。」談判之後，我們達成一個合理的價格，我開給他一張支票，他在律師給我的文件上簽了名。完成談判後，註冊安麗名稱的那個人問說，他能否成為我們在澳洲的第一位直銷商。他一直從事直銷業，手下還有一些很好的直銷商，所以我們接受他的請求。由於他的直銷事業已有一番規模，他實際上幫助安麗在澳洲有了一個好的起步。

我們以為澳洲人可能不會接受「安麗」這個名稱，因為它是美國名稱。結果正好相反。澳洲人喜歡「美國」主題，他們喜歡來自美國的產品。我們想要在澳洲製造產品，卻發現澳洲人更喜歡在亞達城生產的產品。

第二代加入經營行列

早期的海外拓點進行神速，因為直銷商鼓勵我們開拓他們擁有人脈的國家。我們時常聽到直銷商說：「安麗何時要開拓這個國家或那個國家？」直銷商必須等安麗先行在當地設立營運，進口產品，準備好書面資料，註冊商標，並且遵守當地法規，才能開始運作。

1973年，安麗進入英國，這是另一個語言相同、政治經濟制度類似的國家；1974年則是香港，當時香港仍由英國託管。我們在1975年進入德國，揭開往後十年在歐洲的海外拓點。1979年，我們進入日本，戰後的日本受到美國很大的影響。

現在有點難以想像，杰和我只收拾簡單的行囊便去環遊世界。年輕時，我記得美國是與世隔絕的。二戰開打之後，世界地圖銷量暴增，因為美國民眾在報紙讀到遙遠地方的戰役之後，想要找出他們在新聞裡看過和聽過的陌生國家和城市。我在戰時曾在南太平洋服役，杰和我後來也遊遍南美洲，所以當安麗開始在海外拓點時，至少我們對這個世界已比較熟悉了。我現在明白，所有的人生歷練都可能成為未來成功的經驗。那個時代，國際事業並不多見，所以我可以很自豪地說，杰和我在海外拓點跨出早期、大膽的一步。

1980年代初期，安麗已進入十餘個國際市場，海外拓點主要是前往直銷商認為他們的人脈有發展潛力，可以跨國界推薦直銷商，建立自己國際事業的國家。1980年代中期，安麗開始進行策略性的海外拓點，在具有多元文化和經濟的國家開拓市場。我們成立一個部門，專門負責國際市場營運，我的長子狄克被任命主持這個新部門。如同其他狄維士和溫安洛家族的子女，狄克已接受訓練課程，學習安麗事業的各個層面，他在不同管理職位歷練了十年。狄克在1984年擔任國際營運副總裁時，國際銷售約占安麗事業的5%。六年後他離開那個職位時，安麗超過一半的銷售都來自海外。

在杰和我推動國際事業起飛之後，狄克推出一項國際成長和擴張的策略性計畫。狄克主事之後，開拓國際市場不再只基於直銷商說他們在那些國家有朋友，而轉變為有計畫的擴展。狄克的海外拓點部門有一組人員，專責開發新市場。他們具有進入一個國家所需的各種專業知識，可以規劃與執行開發市場的所有法規、政府、翻譯、物流、廣告和行銷，更開始與有興趣的潛在直銷商舉行會議。

這些市場開發的會議通常規模龐大，有時會有多達五千人出席。我們永遠無法預測究竟有多少人會回覆邀請函，來參加探索安麗事業的開發會議。我有一回跟杰說：「每個人都認識某個地方的某個人，他們可以試著召募這些人。」這句話一點都沒錯。直銷商走遍世界各地去參加新市場開發，把他們在新市場認識的人找來參加他們的第一次會議。國際推薦成為許多人迅速壯大事業的一個方式。

中國：進入共產國家的冒險

狄克有一項策略性計畫，就是將國家分別排名，由最容易開發的開始，排到挑戰與風險最高的困難國家。狄克讓杰和我有了更遠大的構想，因為他告訴我們，安麗可以維持核心事業原則，但在同時也要調整事業模式，以因應不同的當地風俗習慣和法律、會計要求；安麗今日能在全球取得成功，狄克真的是一大功臣。

當時，進入中國是一項大冒險。中國政府要求要在當地製造產品，這需要蓋製造工廠，以及用新方法經營。公司成立後，中國政府下令禁止多層次直銷，唯恐在接受自由創業原則的初期，這種事業在當地會遭到濫用；這當然是多慮的。負責開發中國市場的鄭李錦芬（Eva Cheng）打電話給我說：「我們現在該怎麼辦？」我請她去讓中國政府明白，安麗打算留下來，並遵守他們的規定。我們必須在中國開設零售門市，並設計新方法，依據直銷商的事業規模給予獎勵。我相信安麗事業對於中國人具有強大吸引力，他們努力追求類似美國人享受的美好生活，我同時相信，安麗的經商之道終有一天會被中國人接受。時至今日，中國已成為安麗最大市場，當地的事業持續成長之中。

我自己對於安麗今日能在中國和俄國營運，感到很驚奇，當年這兩個國家曾被視為「竹幕」（Bamboo Curtain）與「鐵幕」（Iron Curtain）國家，與自由世界隔絕。在這些國家推廣安麗的創業精神，在早先幾乎是無法想像的。

我同時回想起，在太平洋小島服役時，美國正要擊敗日本，而日本今日已成為安麗最成功的分公司之一。同樣的，在越戰期間，誰能想像到有朝一日一家倡導資本主義和自由創業的美國公司，將在越南蓬勃發展並建設工廠？沒多久之前，這可能聽起來很瘋狂，但今日安麗在這個前共產主義敵對國家，已是繁榮發達。

1990年代，杰和我拍攝了一張照片，放在直銷商刊物中使用。為了表達安麗是一家全球公司，我們站在一個大型地球的兩側拍照。現在看到那幀照片掛在中國辦公室，旁邊是印有中文字的看板，或者看到安麗標誌襯著上海的背景，都令我覺得神奇。

1990年，有一篇講述安麗日本事業蒸蒸日上的報導，是《富比士》（*Forbes*）雜誌訪問一名成為直銷商的會計。「安麗宣揚自己做老闆，在美國或許受到嘲諷，」他說，「但在呆板的日本，卻能吸引有意願的群眾，尤其是家庭主婦和受挫的上班族。這裡沒什麼成功機會，但在安麗，我一直看到人們的成功。」在安麗，我們一直強調夢想——絕不放棄，不讓別人偷走你的夢想。現在，許多日本人可以跟世界各地的安麗直銷商同樣夢想更好的生活。

自由企業生力軍

今天，我的加油口號「你可以做到！」（You can do it!），已成為安麗在世界各地使用的標語。在日本或中國，你可以聽到直銷商加油喊說「你可以做到！」他們請我在他們的書上寫著「你可以做到！」在亞洲，這已成為一句加油口號。這句正向的話，已傳遞給世界各地那些時常聽到別人跟他們說，他們不會有出息的人們。

安麗進入俄國時，我受邀由佛羅里達州家中撥出電話，向一場六百人的集會說「你可以做到！」現場的公司人員告訴我，那是他們參加過最熱烈的一場會議。這些俄國人對於能夠自由經營事業，以及為自己做點有意義的事感到非常振奮。他們跟我說，與會的人站到椅子上唱歌、歡呼，那種氣氛簡直像是足球比賽，而不是事業大會！

當然，進入語言、文化和政府體制不同的國家並不是簡單的工作，而且充滿挑戰。安麗在一些亞洲市場，都是打先鋒進入的直銷公司，同時面臨著稅務、法律和規範的不確定性。安麗的中國事業開幕了又停擺，因為要等候政府裁定事業模式的合法性。最後，安麗能繼續經營，但不同於其他市場，我們必須調整營運模式，在零售店面銷售產品。

南韓政府對直銷相當懷疑，並且認為安麗的進口會造成貿易赤字。可是，我們跟南韓證明，安麗可以成為他們國家的一股正面力量，現在我們是一家受歡迎的公司。有些照片，是一個運動場坐滿數千名南韓直銷商在聽我演講，他們來參加是因為對於創業機會感到振奮，我看到這些照片還是很感動。安麗也進入印度和泰國，調整事業模式，設立了零售中心。現在去到泰國、印度和中國，看到現代化和閃亮的安麗大樓，醒目地向路人展示公司和產品標誌，實在令人感到不可思議。

對於經歷過冷戰和蘇聯時期，並且長期倡導自由創業的我來說，1990年代安麗能夠在東歐的前蘇聯國家開拓市場，令我感到又驚又喜。安麗設立了產品中心，這些國家缺乏家庭用品和個人保養產品，許多人排隊搶購我們供應的所有產品。

在匈牙利，第一年就有八萬五千名直銷商加入。我記得當年去到那些國家，到處是一片灰暗、蕭條的景象，人們一臉嚴肅；他們沒有什麼物質享受和機會，而這些在美國被我們認為是理所當然的。安麗將機會和產品帶給這些人，為這個多年來渴望自由的地區，注入了一絲新的活力與希望。

實現夢想，打造美好生活

1990年代我們也開發了巴西市場，開啟了進一步擴張到其他南美洲國家的契機。杰和我很懷念這裡，年輕時，在船沉沒後，我們遊遍南美洲，當時怎麼可能知道，有一天我們將經營一家國際公司，生產專為拉丁美洲研發的美容產品？

不論人們是居住在中國這個遠東共產國家、赤道以南的新興國家瓜地馬拉，或者是澳洲這個南太平洋的民主工業國家，我們得到的經驗是，世界各地的人們都有著一個共同點：夢想擁有美好的生活。如同「安麗2011全球公民報告」所說：「相信美好。」（Believe in Better.）我很欣慰安麗不但一直在全球有好的業績，而且努力幫助人們實現夢想，為直銷商自己和家人，以及他們的社會及國家打造美好生活。

安麗的「One by One」關懷兒童活動，自2003年開展以來，已募款超過一億九千萬美元，協助超過一千萬名的兒童。單是在2012年，安麗直銷商與員工便在世界各地慈善機構，從事超過二十萬小時的志工活動。除了幫助人們，安麗也幫助地球。秉持著環保責任的傳統，在安麗營運的各個市場，我們皆努力減少碳排放量、節水、減少廢棄物和保育棲息地。

這不是誇耀，而是想要強調，我對於安麗公司的經營理念十分自豪。杰和我留下的傳承，包括相信人們憑藉自己的努力和才能求取發達，並且藉由幫助別人來傳播此一理念。我很高興看到這個四海通行的理念，創造出如此強大的結果。這是我永遠樂觀的另一個理由，因為我總是在我遇到的人們身上，看見好的一面。

提供機會給所有人的事業

早在1980年代，當時安麗的大部分事業都還在美國，我們將公司總部設在密西根州亞達城。但在聘雇新的國際員工之後，他們說：「亞達城不是安麗世界的核心，即使你們心裡還是這麼想著。安麗的展示中心遍布世界各地。假如你想要討論哪裡才是真正的核心，那就是中國。因為那是我們最大的市場。」他們告訴了我們，安麗依然以美國為核心看待這項事業，而沒有看清楚這個事業的規模。我們試著讓亞達城維持核心地位，多年來試著在亞達城製造各項產品，無視於成本高昂及不便利，再把產品運送到世界各地，純粹是為了在亞達城製造產品和提供就業。現在，安麗在印度建立了一座工廠，在泰國開設新公司總部，在中國蓋了第二座新工廠。在其他地方還有數項大型建築計畫正在進行之中。來到亞達城的人們再也無法完全掌握安麗的全貌，因為我們不再只是立足於亞達城而已。

講到這裡要回溯到密西根州夏洛瓦，當時我們將第一個理事會取名為「美國風格協會」，現在似乎感覺有些古怪。在安麗的早年，我們跟直銷商訴說遠大的夢想，但我們其實壓根不了解什麼叫做真正的遠大夢想，或是可能實現的遠大夢想。

在那之後，世界變得小多了。以往看似堅固的國境和看似遙遠的土地上的陌生人，如今已拉近距離，也變得更加熟悉。我們不斷將包裝和銷售文件翻譯成數十種不同外語，調配產品以吸引不同國家的特定口味，同時因應不同法規及文化。但不論安麗今日去到什麼地方，我們一直被提醒著：全世界的人們都渴望自由，以及掌握機會利用自身才華及努力去打拚成功。

安麗為所有人提供事業機會的簡單訊息，已成為一種國際語言。我在世界各地站上大會的講台時，儘管與會群眾可能容貌不同，但他們的熱烈回應是一致的。有時很難完全將五十多年前亞達城這個小鎮的一家小公司，跟今日數百萬名安麗直銷商聯想在一塊兒。

我相信杰和我受到上天眷顧，理由是我們秉持著能夠嘉惠全球所有人的原則創立了安麗。我們的員工比杰和我更早了解到這點。亞達城不是安麗世界的核心，安麗的核心在世界各地。我還要加上一句：安麗的機會也在世界各地。

第九章 我的演說生涯

我最早創業時，受到勵志演講人的鼓舞，因此我努力啟發數千名安麗直銷商站到團體面前，鼓勵大家不斷追求成長。鼓勵別人，為他們加油，跟他們說「你可以做到！」，已成為安麗達到今日成就的一個關鍵要素。

杰和我創辦飛行學校之後沒多久，我們去上卡內基課程。我們兩人覺得，身為年輕企業人士和銷售人員，應該要學習談話及有效溝通。結果，那項課程是一個很好的經驗，尤其是對我，因為我有了全新的信心去擔任演講人。指導員很有技巧地指出需要改善的地方，但不會苛刻，而且他們營造積極的氛圍，鼓勵每位學員。

指導員教導我，公開演說的關鍵在於「舉例說明」。講故事，最好是自身的體驗。如果你講述發生在自己身上的事情，就不需要帶小抄，因為這是你的親身經歷。因此，個人經歷的故事通常是最好的演說題材。

卡內基課程也教授演講方程式。首先，務必要告訴聽眾你的演講主題。我聽過太多人演說時，從未真正告訴大家他們到底在講些什麼。他們講了一大堆事情，可是我想要知道：「今天的主題是什麼？我們要討論些什麼？這次的重點是什麼？」其次，告訴聽眾為何要討論這個主題？為什麼這個主題重要？第三，舉例說明演講的重點。舉例，舉例，再舉例！

之後，你需要一段開場白，例如一個笑話或招呼問候，最後是結語，通常都是「現在各位已聽完我要告訴你們的，我建議你們採取下列行動。」這些是我在卡內基課程所學到的基礎技巧。事實上，我在數年後又去上了一次課程，對於舉例說明的妙用更加深信不疑。

「推銷美國」

在那之後不久，我受邀在芝加哥一場紐崔萊大會向大約三千人發表演講。我遵照卡內基課程的做法，加入了舉例說明。我的主題是「白熱化」（White

Heat）——假如你想成功的話，就要對於自己做的事熱情如火。演說結束後，我坐了下來，大家卻站了起來，為我起立鼓掌。我以前的卡內基指導員也在聽眾當中，他走向前來讚美我。就在那天，我發現自己有演說的才華，於是我遵照這個方程式，持續發表演說。

創辦安麗公司後不久，負責計帳部門的女士告訴我：「城裡有個簿記員協會。我聽過你演說，不曉得你願不願意為這個小團體演說？」這是第一次有人邀請我在安麗與紐崔萊會議之外的場合演說。我問她，她想要我談些什麼，她說都可以。我就說：「這麼辦吧，我要談美國和我們國家的積極面。現在充斥太多負面情緒了。」我想要用一場演說來訴說這個國家的美好。

這便是我最知名演說——「推銷美國」的起源。我開始構思要跟這個小團體講些什麼，便隨手記下事業初期的成長階段，所發生的美好事情。我演說「推銷美國」愈多次，便引發愈多人的回應。我在美國各地向數千人演說「推銷美國」。在印地安那波利斯市「美國未來農民」（Future Farmers of America）大會上的演說，被錄了下來，後來更製成唱片，以專輯形式在1960年代銷售。這張唱片獲得自由基金會頒發「亞歷山大·漢彌頓經濟教育獎」（Alexander Hamilton Award for Economic Education）。

「推銷美國」是我公開演說生涯的開端，也是我吸引安麗與紐崔萊以外聽眾的第一場演說。我收到愈來愈多的演講邀約，在許多中學和大學畢業典禮上演說，還有商業俱樂部等等。這些演說對於早期的安麗是很好的宣傳。我不斷發表新的演說，大多是在安麗會議上，但也有一些是傳達訊息給一般民眾。其中一些演說——「三A：行動、態度和環境」，以及「四個階段」，我都曾經向世界各地的安麗聽眾發表過。它們都是還不錯的基本談話。

我有一次還跟福特總統（President Gerald Ford）分享過「四個階段」。這個演講涵蓋組織發展的四個階段：建立、管理、防禦和指責。福特在擔任大湍市的眾議員時期，我就認識他了。有一天我到白宮橢圓辦公室拜會他，我被告知有十分鐘可以和他聊天。

在聊天時，我說：「你知道嗎，這整個地方已進入第四階段。」

他說：「你說第四階段是什麼意思？」

我說：「第四階段就是指責階段，每個人為了問題而互相指責。這個地方聽起來就是這個樣子。」

福特總統說：「我也是這麼覺得，再跟我說說其他的階段。」

我說：「我沒有多的時間了。他們給我十分鐘，我一定要遵守才行。」

他說：「我想聽完其他部分。」

因此，現在我可以說，我曾經向一位貴賓發表「四個階段」演說，就是美國總統。他非常贊同我的演說，並認為應該讓美國回到第一階段，想想該如何建設，而不是爭功諉過。

以自身經驗啟發聽眾

向美國總統發表演說或者為全國聽眾錄製一場演說，都算是特例。我的演說大多只是為了鼓勵安麗直銷商，尤其是在事業早期。早期的這類演說包括「嘗試或哭泣」。我告訴聽眾說：「你們在這項事業有個選擇：嘗試或哭泣。」我告訴他們杰和我創辦和建立事業的各種故事。有的成功了，有些則沒有。但其中的差別在於，我們不斷地努力。這是個簡單的演說，不過依然不失為一場好演說，有的人跟我說，他們還會放錄音帶來聽。

我因為演說不帶小抄而博得名聲。我可能從西裝口袋掏出一個紙條，上頭隨手寫著幾個重點，不過這些紙條只是用來提醒自己演講主題，以及一些舉例的故事。我遵照簡單的卡內基方程式，因為是用自己的故事，憑著記憶就可以講。舉例來說，我第一次發表「嘗試或哭泣」時，演說內容基本上就是我的回憶。那場演說都是我自己的親身經歷，我一開始就跟聽眾說：「今晚我要跟各位談談安麗是如何一路走來的。」

我不需要成為某個領域的專家，便可以成為一名有效率的演說者，可是有時候，特定領域的專業知識確實可以促成一次好的演說。我利用當水手的經驗，寫出「乘風破浪」的演說。風從哪裡來，以及風如何影響我們，是大家都有興趣聽的。因此，即便忘掉了演說的細節，人們還是會記住「乘風破浪」的舉例，以及他們可以採取的行動。

我可以輕易複誦這項演說，因為我只需回想在航行時所遇到的風就行了。旅程剛開始颳著不利我們的北風。當人們說他們為何不能成功，或者抱怨情況不利時，就好比是正在對抗可能吹進人生、讓自己動彈不得的寒冷北風。東風則可能預告著不久後將有壞天氣。在事業上，可能會面對必須處理的不確定性，但這可以讓我們往前看，並且做好準備，就好比在生活裡，我們看到黑暗的天空，就會帶件外套和一把傘。此外，你要提防南風，它會騙人。它會誘使你相信自己做得很好，讓你對事情的進展感到很滿意，因而放鬆警戒，你不再具積極性。事業落後，此時你要尋求西風了。西風是最好的，可以讓天氣穩定，還有和煦的微風。有了這道風的吹拂，我們可以昂首闊步，在短時間內便有了長足的進展。此時，你要對自己的事業進行建設性的檢討，努力召募人員及拓展事業。

聽眾在聽講時可以想像一艘帆船，並且幾乎可以感受到風；他們可以把自己和事業放進畫面裡，然後評估他們遇到了什麼風。這些年來，這項演說已成為直銷商的最愛。

用演講定義事業及生命

當然，隨著安麗在世界各地擴張，我發現透過口譯向國際觀眾演說時，需要稍微改變一下方法，演講過程變得困難許多。我學到的第一個教訓是：不要講笑話，因為口譯翻得不太好。我第一次在中國講笑話時，聽眾完全沒有反應。通常引起英語系聽眾哄堂大笑的笑話，在中國卻是鴉雀無聲。

在外國演講時，我也避免牽扯到政治，因為不是在自己的國家，而且安麗也沒有授權讓我表達自己的意見。所以，我找其他內容來講。

在中國，我有一次談論到，如何克服反對或拒絕安麗的意見，並建議如何因應反對，因為在人生和銷售中，我們都可能遇到反對。為了舉例說明，我以自己的心臟移植為例。當時我七十一歲，大約三十個醫生和移植中心都收到我的醫療紀錄；每個單位都拒絕了我，但最終有一名醫生答應了。雖然我的機會並不好，但我們堅持下去，直到找到了那位醫生，因此，我確實對拒絕很有體悟。在事業上，我們有時也會面對很不利的情況，但是當你找到那一個人，你的事業就能延續下去，以我個人來說，我的生命延續了下去。有一次，我甚至舉起心臟移植以後，必須服用的抗排斥藥物。我跟聽眾說：「很抱歉我沒有抗排斥藥物可以給你們，好幫助你們克服事業上的拒絕。你們必須堅持下去，像我一樣，直到找到一個人認同你的理想，並且答應你。」

回顧一些我的演說，我可以分析它們如何說明安麗為何成功，以及安麗事業的真諦。我相信它們讓直銷商了解做為事業主的本質，以及所背負的使命和目的，而不只是銷售產品及囤積財富。沒錯，我的演講核心就是鼓勵和加油。但是，我也了解到，我必須以演講定義我們的事業和釐清真正的使命。

格雷斯集團的故事

安麗是幫助別人的事業。我們有ARTISTRY化妝品，紐崔萊營養保健食品，以及各種其他產品，這是人們在安麗事業賺錢的方式。但這項事業的真正魔力，在於幫助人們過著更好、更富裕的生活。這一直是安麗的焦點。安麗直銷商正是利用銷售產品來取得成就，他們對於目標十分明確。安麗的創業理念，是要讓所有人擁有自己的事業。杰和我的目標是要擁有自己的事業，我們也認為全世界的人都想有自己的事業；我們依然認為這是基本動力。人們時常訝異於聽到我說：「直銷商可以出售他們的事業，他們可以移轉給其他家人，這是一項資產，一項他們可以擁有及經營的事業。」

安麗提供直銷商更好的產品和行銷產品的嶄新方式，永遠豐富人們的生活。在美國聯邦貿易委員會的裁決之後，一名法官跟我說；「安麗是繼超市之後，我所看到具有新行銷潛力的全新方法。這是除了商店之外，我所看過的唯一新事物。」老式的挨家挨戶推銷員源遠流長，甚至可回溯到我祖父那一輩之前。但是這種多層次直銷是全新的模式，今日回顧起來，我們比創業之初更加明白，這是世上少有的機會，讓人們可以白手起家，並且累積可觀收入。

安麗成功以後，格雷斯集團（W.R. Grace & Company）接洽我們，該公司擁有一家大型化學公司、一家航空公司和一家大型海運公司。他們正想多角化經營及擴張公司，也考慮到我們這種事業，就想或許可以收購安麗。那時候，安麗只是一家小肥皂公司，有一些家庭用品。兩名格雷斯集團的主管，要求跟我們商談收購的可能性。杰和我並無意出售安麗，可是決定聽聽他們要說些什麼，一部分是好奇安麗公司在潛在買家眼中值多少。他們開出一個價碼，但我們告訴他們安麗是不賣的。這兩位主管說公司還是打算擴張，而且在辛辛那堤有一家工廠可以生產同類的產品，也已經設立了格雷斯家用產品公司。

「如果你們不想出售，」他們說，「我們就會啟用格雷斯家用產品，來跟你們競爭。」

此時，我跟他們說：「好極了！如果你們想要這麼做，就去做吧。我會給你們一份安麗創業資料，裡頭附有完整的事業計畫，全都寫在那上面了。如果你們遵照計畫，可能會做得不錯。如果你們要做的話，我希望你們馬上就去做。」

他們真的成立了格雷斯家用產品公司，可是我絲毫不以為意。數年後，在緬因州巴爾港（Bar Harbor），我正巧碰到彼得．格雷斯（Peter Grace），在此之前我從未和他打過照面，但我認出他來，自我介紹說我是安麗公司的老闆之一。我說：「你們的格雷斯家用產品公司經營得如何？」

他說：「你明明知道的。」

我告訴他，我是真的不知道，因為我沒有在注意這家公司。他告訴我，他們已收掉這家公司。我說：「我不明白。我給你們主管一本手冊和一份安麗創業資料。裡頭寫得一清二楚。你們只需要照著做就好了。」

他趨身向前，在我胸口戳了一戳：「年輕人，你故意拿掉什麼東西了！」

全心幫助別人，就是成功的第一步

在安麗五十週年的拉斯維加斯慶祝大會上，我在演講中提到這個故事，我跟直銷商們說：「今天，我要告訴大家，我們在創業資料拿掉了什麼東西。假如你們把它從你們的創業資料拿掉或者從你們的事業拿掉，你們的事業就會失敗，這整個事業也會失敗。彼得．格雷斯以為我們從創業資料拿掉的，是我們永遠無法放進去的。那就是幫助你們推薦進來的人，好讓他們再去幫助別人的這種態度。藉由幫助別人，你們才能成功。」

「這真的很老掉牙，可是這就是這項事業經營的方式。」

我們了解到，安麗其實是豐富人生的事業。我最受歡迎的演說之一是「人生豐富者」(Life Enrichers)，那是我在讀過華特・迪士尼（Walt Disney）所寫的東西，深受感動之後，於1989年開始發表的。當時我正搭飛機要前往加州，心想我應該要構思一項新演說，此時我讀到迪士尼先生的一句話。他認為：世界上有三種人——「水井下毒者」(well-poisoners)，總是批評別人的努力和想法；「草坪除草者」(lawn-mowers)，努力工作、納稅和整理房子的善良公民，但永遠不會離開自家院子去幫助別人；還有「人生圓滿者」(life-enhancers)，經由幫忙的舉動或鼓勵的話語去豐富別人的人生。我心想：「哇！這種人說的正是安麗人。」我比較喜歡「人生豐富者」(life enrichers)這個詞，也把它用在我的演說裡，並用迪士尼先生的舉例來演說，而且一直公開表明這是他說的話。

直到今日，我依然很感動，安麗事業的核心就是成為人生豐富者。產品銷售固然重要，可是真正重要的是，藉由銷售產品，人們賺取更多金錢去改善生活，同時有機會去改善別人的生活。推薦他人加入這個事業，進而可以銷售產品及帶領別人加入這個事業，所有願意從事這項工作的人，都能豐富人生。他們的整個人生都改變了，不只是因為銷售安麗的產品而賺了些錢，更是因為和積極的人進入了一個新環境，這些人想的是如何幫助別人，以豐富他們的人生。

豐富人生的概念，正是安麗事業的基礎。有好幾年的時間，「人生豐富者」是我在安麗大會的主要演說，但實際上我也對許多安麗以外的聽眾發表過。我對於豐富人生的概念很有熱情，想要盡可能鼓勵大眾，因為他們有可能成為人生豐富者。直到今日，我還會寫信給本地報紙所報導，做出自發性善舉的人，我相信他們也是「人生豐富者」。

豐富人生從自己做起

從1950年代初期，我在芝加哥紐崔萊大會發表「白熱化」演說，再到「推銷美國」、「嘗試或哭泣」，以及其他在世界各地發表過的演說，我相信它們已發揮關鍵作用，不僅幫助安麗直銷商實現夢想，同時也幫助他們理解「創業家」和「自由創業」的價值，以及他們要豐富人生的責任。這些年來，這些演說對於安麗成功的重要性，不亞於開發新產品和建立工廠與管理公司。演說裡的許多層面，都適用於一家成功的企業。可是，除非我們能夠讓人們相信安麗，尤其是早期的安麗，以及相信他們自己，否則這一切都不會成真。早年的那些努力，好比一場十字軍東征，如今已觸及全世界的人們。我們能夠達成這種影響範疇，都是靠著人們鼓勵別人加入，好讓他們也能豐富人生，以及他們子女、家人、朋友等人的人生。

有很多時候，我受邀演講時，都會問說：「你們要我講些什麼？」我時常聽到：「喔，就是鼓勵我們、啟發我們！向我們發表你的一項勵志演說就可以了。」人們在事業和人生裡都想要、也需要被鼓勵和啟發，這種鼓勵是安麗成功的關鍵之一。我覺得許多企業或組織可以更加成功，假如他們的領導人願意站起來傳達正面訊息，不管是來自經驗或來自內心，當然，還要再加上許多令人難忘的實例。

第十章「魔術」時刻

我很高興擁有奧蘭多魔術隊，但我從未刻意去買下一支籃球隊，或者是任何職業球隊。這個機會是在一個曲折的情況下找上我的。

在1991年買下魔術隊之前，我原先是洽談成為奧蘭多一支新成立的美國職棒大聯盟（MLB）新球隊的老闆。當時大聯盟想要增加球隊數目，而急速成長的佛羅里達州並沒有任何球隊。但後來，大聯盟決定把新球隊馬林魚（Marlins）設置在邁阿密，而不是奧蘭多。在競標棒球隊失敗數個月後，我得知奧蘭多魔術隊的老闆有意脫手。全家考慮了一下，雖然起初我們其實是對棒球比較有興趣，最終卻認為籃球或許是更好的選擇。我們冬季時都待在佛羅里達州，那時是籃球球季，而在棒球球季時，我們大多待在密西根州。況且籃球是室內運動，不會因為天氣惡劣而被迫延賽或取消比賽。

因此，我們最後買下一支籃球隊，迄今已擁有這支球隊超過二十年。回想起我年輕時花了那麼多時間在投籃，以及為中學籃球隊熱烈加油，我必須坦承，買下籃球隊並不是出於財務考量，而是覺得這一定會很有趣。買下職業球隊通常不是很賺錢的事業。最大的好處是，擁有球隊成為一項家族事務，讓海倫和我與我們的子女和孫子女，有了共同的興趣。魔術隊比賽成為家族的一大聯誼活動，也是祖孫三代的共享經驗。我永遠不會忘記球隊第一次打進季後賽。魔術隊是一支新球隊，從未打過季後賽，體育媒體並不怎麼看好。我們沒能打進決賽，但是季後賽讓球隊凝聚力量，期待魔術隊或許可能成為NBA冠軍隊伍，對我們家族就已經很令人興奮和鼓舞了。

扮演好「老闆」角色

我現在了解，也必須承認，光是知道這支職業籃球隊和機構屬於狄維士家族，對我來說就是一個樂趣。我享受到企業人士通常無法享受的童年快樂。孩子們也很喜歡，他們真的會注意球隊的表現，並且參與如何成功經營球隊的決策。在家族聚會時，魔術隊往往是聊天的主題。我們也很高興，自從買下球隊後，魔術隊有一半時間都能打進季後賽。球隊的長期成績紀錄也很好，並且很幸運能得到一些優秀的選秀狀元，像是俠客．歐尼爾（Shaquille O'Neal）及德懷特．霍華德（Dwight Howard）。

我得到的初期經驗之一是，球隊老闆被期望與球員們互動。大多數新手球隊老闆的問題之一是，他們無法分辨自己的角色和教練的角色。許多球隊老闆想要待在球員更衣室當教練。起初，我自己想說：「我想要給球隊來點加油訓話，他們現在正好需要。」但我沒多久便明白，那不是我的角色，而是教練的角色。我稍微超出了自己的界限，必須努力不要多管閒事。早期時，我會在球賽開始前去球員更衣室，留下來參加球隊開會，發表加油訓話，教練可能心想：「我們要去打球賽啊。這個傢伙為什麼在球員要記住戰術的時候，給我們訓話？」後來，教練有跟我稍微提一下這件事。身為球隊老闆，我也要學會知所進退。

我的責任是雇用教練，讓他好好當教練。每個人各有所長，沒有一個團隊或任何組織的成員可以包攬各個角色。我或許有能力領導及激勵安麗直銷商和員工，可是我必須承認，我不夠資格擔任職業籃球隊的教練！

教練也會犯錯，但是他們在比賽時必須在瞬間就做出決策。當你我在觀賞球賽時，教練正在苦思要打什麼戰術，下一回要派哪個球員上場，哪個球員表現不好，因為他需要下場來休息等等的問題。有兩、三次輸掉幾場比賽，我有打電話給教練說，我想要跟球隊講話，向他們保證老闆還是以他們為榮，因為我覺得有時球員們需要直接聽到老闆說對他們有信心。

職業球員該知道的三件事

做為球隊老闆，我希望對球員們發揮正面影響力，尤其是那些突然間擁有了名聲和財富的青少年球員。我或許永遠都不知道是否造成了影響，但我依然努力嘗試。海倫和我會在球季開始前，邀請球隊到家裡來晚餐，我會利用這項年度聚餐的特別場合，來跟他們講話。因為最近比較難安排時間，現在我們去奧蘭多，在那裡和球隊吃飯，午餐或晚餐不一定，湊得出時間就可以。

首先，球隊每年都有新球員，或者有幾位新教練，我希望他們認識我，並且了解我為何關心球隊。我也希望他們明白我的信仰，我希望他們聽到我親口說出我是基督徒。如果他們有任何問題，我們可以一起討論。我也會跟他們稍微講一下家族歷史，分享我們買下球隊的理由：希望成為球員的正向影響力，協助他們擁有更加成功與均衡的生活。

其次，我會跟球員和教練們談論金錢及存錢的重要性。球員能賺進很多錢，但賺錢的時間其實很有限。做為職業籃球選手，不論你的體能狀況有多好，或者如何妥善照顧自己，一旦過了四十歲，差不多就得退出球賽了。身體總會讓你失望的。因此，如果想要好好過完下半輩子，就必須為退休那天到來時做好財務準備。假如量入為出的話，一年的收入已足夠生活、儲蓄和投資。我鼓勵球員想清楚，現在正是儲蓄和投資的時機，並且要規畫慈善捐贈和存錢繳稅。我也鼓勵他們聘請投資專家，找個好的財務顧問為他們打理這些事。不然的話，他們可能在十年後突然驚醒說：「我的錢都花到哪裡去了？」

我跟球隊談到的第三件事是行為舉止。我曾看過報導說球員因毒品或酒精什麼的而惹上麻煩，他們的打球生涯也毀了。我說：「你們或許聽過上千遍，職業球員生涯有多麼快就毀掉。職業球員的處境並不容易，你們是球星，總是有人用言語或其他方式攻訐你們。身為運動員及競技的心態，你們的本能可能是用語言或肢體反擊回去，然後生涯在一瞬間就完蛋了。你們打了別人，不論是砸了一瓶啤酒或什麼的，只是一瞬間，就會上媒體。或許你們會坐牢，或者因酒駕被捕，你們的才能和投入NBA生涯的努力，就毀於一旦了。」

我在進行這場小型演說時，球員們都很有禮貌，很專注。我事前告訴他們：「我只講三個重點，所以不要擔心，這不會是長篇大論。」

我們會聊天，有時他們也講話，有時則沒有；不過，我一定會發表講話。我擁有這支球隊的時間很久了，至少明白對球員們重要，或者對他們有幫助的事情。球員們可以選擇要不要聽一個老人家，試圖告訴他們該如何管理人生和金錢；可是當他們的罰球和投籃失去準頭，沒有得到續約，錢又花光了的時候，我不希望他們想不通：「我可是個大人物。這是怎麼一回事？」

痛苦決定：交易球員

我記得我們第一個賣掉的球員是史考特．斯凱爾斯（Scott Skiles）。海倫覺得萬分抱歉，於是寫給他一張紙條，裡頭寫著：「我希望有一天你可以以教練的身分重新歸隊。」她跟我說：「我們不能就這麼讓他走。他一向付出110％的努力。我得寫張紙條給他才行。」當然，在NBA歷練了這麼多年，她也明白不可能每個球員要離開時，都寫紙條給他們。可是，我們依然絕對尊重球員，我想這也是魔術隊被評為最值得擁有的NBA球隊之一的理由。

魔術隊也成為安麗的絕佳公關和行銷利器。安麗中心的球賽在兩百多個國家轉播。誰知道有幾千萬人在收看？直銷商可以說：「這是我們公司的球隊。」安麗公司的一名創辦人擁有一支球隊，這讓我們許多人有一種滿足感。

建立對社區的認同感

你無法想像，能夠說出某件事物是「我們的……

我擁有它！」這是多麼有力量的一句話。最近我一直在思考「擁有權」的重要性。多年來，我擔任大湍市附近的大谷州立大學（Grand Valley State University）校董會的董事，並捐款給這所大學。我們的社區看著這個高等教育機構，由五十年前創校時的四棟小型建築，成長到兩個校區，就讀學生將近兩萬五千人。

有人問我：「我們是如何讓這麼多人來大谷州立大學就讀？這個地區沒多少人是校友。為什麼有一千五百人年年買票來參加募款餐會，而會上連一名外聘的演講人都沒有，只有向支持大谷州立大學的本地人士致敬而已？」我想有一部分答案在於，它已成為「我們的學校」──設立在社區，並在地方捐款者的支持下成長。本地社區的人有了設立新州立大學的構想，並且神奇地讓大眾接受，設立一所可以稱為「我們的大學」的地方大學。

有時候，地方大學會和社區產生摩擦，比如學校不必繳納房地產稅所引發的緊張關係，或是學生行為不良的事故，又或者納稅人必須負擔增加警力或防火成本。但在這裡，社區居民以支持大谷州立大學感到自豪，甚至稱之為「我們的學校」。我曾獲頒榮譽博士學位，所以我也稱大谷州立大學是「我的大學」。我們的學校、我們的教會這種觀念，也就是對自己參與或尊敬的事業有歸屬感，應該成為文化的重要環節。

當人們把大湍市視為自己的城鎮，便會有不同感受，甚至開車方式也有所不同，我們更能克制自己。如果你認為這是你的城鎮，在街上跟陌生人打招呼時，你會說：「歡迎來到大湍市！」因為這是「我的城鎮」、「我們的城鎮」。人們自覺擁有某項事物的感受，會讓事情大大改觀。

在我認為，這也是安麗公司與眾不同之處。安麗的每一位直銷商都可以說：「這是我的事業。」這種擁有權是一股強大的動力，有機會的時候，我們一定要使用這股力量。對我來說，我的子女與孫輩明白美國是「他們的國家」，是很重要的事。我的孫子說：「祖父對他的國家感到十分光榮！他曾在二次大戰服役過。」我希望他們認同，這是「他們的國家」、「他們的未來」。

「我們的城鎮」

最近談到這個「我們的」觀念，或許這是我享受成為球隊老闆，以及明白所有球迷和我都可以說「我們的球隊」的原因。我很自豪擁有一項事業，更自豪的是，我知道全球有多少安麗直銷商都能說──「這是我們的事業：我們擁有它、投資它、參與其中、決定如何經營，並且與家人分享它的成就。」這正是海倫和我支持大湍市區發展的原因。大湍市是「我們的城鎮」！我們覺得對當地的生活品質和持續成長負有責任。我想要居住在一個可以豐富生命的社區，那是我一輩子的志業。

我也很高興能夠對奧蘭多社區產生影響，因為安麗擁有城裡唯一的一流職業球隊。奧蘭多市政府和安麗密切合作，協助興建一座體育館，因為他們知道球隊需要一座新場館。因為這個城市對安麗很好，安麗也試著善待奧蘭多。安麗和球員回饋社區，包括給中佛羅里達大學（University of Central Florida）的贊助計畫，贊助年輕運動員計畫，球員也會去醫院探視病童。我覺得，球員與本地的年輕人互動，可以讓這些球員對自己產生更大的價值感──隨著他們與孩子們建立起關係，他們也建立起自尊心。我們為球員的參與感到驕傲。

對我來說，魔術隊是我人生中一個「為什麼」的問題。為什麼我得到機會去買下一支籃球隊？為什麼我會接受？或許是因為我有這個能力，去幫助年輕人過更好的生活；又或者是因為我有機會在奧蘭多社區造成正面影響力。擁有一支NBA球隊教會了我，也提醒著我，在人生裡所發現的許多重要原則：擁有的價值、為社區貢獻、與家人分享、教導年輕人，以及獲勝的喜悅。二十多年後，回顧買下球隊的機會我才明白，當時我其實不知道，我決定的不只是買下一支籃球隊這樣簡單，還有許多更重要的事。

第三部

人生豐富者

Simply Rich LIFE *and* LESSONS *from the* COFOUNDER *of* AMWAY

第十一章 名聲與財富

今日，我們似乎生活在一個著迷於名聲與財富的社會。我無法否認，我已累積了一筆財富和一定程度的名聲，可是我所得到的財富與名氣，從來都不是我的目標，而是我終身工作與持續打造一種獨特機會的成果。

我真的不清楚是什麼時候成為百萬富翁的，或許是因為杰和我時常將大筆資金重新投入事業，尤其是在安麗早年時，自己的收入其實很少。可是，有一天你睡醒後會說：「哇！這家公司值好多錢。」那種感覺不同於我個人有很多錢。我記得本地大學校長來邀請我捐款的時候，我跟他說：「我沒有那麼多錢。」

他說：「可是你有一家大公司。」

「我們確實有一家大公司，」我說，「但我個人沒有那麼多錢可以捐贈。有一天會的，而現在我們正將大筆資金再投入公司。」我們並沒有從公司拿走很多錢。這就好比我跟奧蘭多魔術隊的隊員說：「你們賺了錢，拿去享樂，有一天你們會問說：『這是怎麼一回事？我的錢呢？』」

對杰和我來說，最初對公司必須負起的責任是發薪水。如果企業界有任何常見的失敗，那就是無法付給員工薪資。付薪水可不是微小的事業責任：你得有錢才能付薪水給你的員工。

當杰和我開車越過亞達城附近的山丘，俯視安麗園區裡的工廠、辦公室和倉庫，我們會說：「這真的很了不起，不是嗎？」有一次我問杰說：「你來到這個山丘時，心中做何感想？」他說：「我有點驚訝，可是不會花很多時間去感歎。我只想著如何才能讓它更加壯大。」這是杰和我一直在討論的——如何讓事業更大更好？公司的規模和價值並不重要，重要的問題是：如何讓事業更壯大？如何跟更多人分享希望與獲利的觀念？如何激勵整個世界，讓人們知道每個人是多麼的有價值？

這才是安麗事業的真諦——幫助他人實現和改善生活。信仰、希望、認同與報酬，這些都是安麗事業所代表的特質。杰和我成長於大蕭條時期，還參與了一場大戰，這讓我們不斷地思考「價值」與「行為」的意義。幫助別人的倫理基礎在今日有時已不可多得。我認為社會的倫理基礎已有些下滑。「誰在乎其他人？只要我得到自己的一份，就好啦。」安麗事業向來沒有那種態度，我們的重點是在「別人身上」。幫忙你推薦進來的人，如果他做得好，你也會做得好。這是由下而上的事業。

妥善運用金錢

在很早期的時候，杰和我會邀請安麗直銷商到家裡來，當時我們倆就住在隔壁。與今日許多住家相較，杰和我的住家絕對稱不上豪宅，可能又小又平凡。可是我們十分自豪，杰和我的住家就蓋在俯瞰河流的山丘，一塊林木茂密的土地上。一些直銷商對我們的房子嘖嘖稱奇，不過，房子是大是小其實不重要，重要的是，杰和我是公司創辦人，而且邀請他們來家裡作客。我們是要向直銷商表達感謝，而不是想要炫富。

杰和我從來不認為自己是有錢人或是很了不起，也不會假裝如此。我們開的車很普通。杰的父親經銷普利茅斯和迪索托（DeSoto）汽車，所以我們開這些車。直到事業頗有進展之後，我才買了一輛凱迪拉克（Cadillac）。杰和我成為百萬富翁，是因為一心一意要幫助直銷商賺錢。我們不斷重新投資公司，所以有一段長時間，杰和我的收入並不多。如同我前面說過，我們並沒有從公司拿走很多錢。

回首往事，我明白杰和我極力盡到對員工和直銷商的責任。安麗要養活數千人，我無法想像安麗失敗了，而讓別人陷入險境。那對兩個年輕人來說，可是重責大任。況且，我不認為我們兩人可以面對安麗公司失敗的可能性，因為對杰和我來說，這不只是一項事業。安麗是我們的理想、驕傲和喜悅，它證實了我們對自由創業的理念確實可行。我們考慮的是家庭、子女、學校和儲蓄——存錢和有一筆預算。我們總是保留十分之一的收入，捐給慈善機構和教會。

然而，杰和我終於達到負擔得起各種事物的程度。那麼，我為何不買比現在既有的還要大的房子、遊艇或飛機呢？有時我也會問自己這些問題，答案可能是為何不買？也可能是我沒理由去買。有時候，更大的飛機、房子或遊艇，未必能帶給你更多功用。不過，你總會達到一個階段，你必須決定為何要去做某些事，或者不去做某些事。如果有額外的錢，我們可以有其他選擇，比如多捐一點錢給慈善機構，或者多存一點、多投資一點（這是資助商業創意和別人成功的一種方式）。

發現財富的真正價值

在孩子成長的過程中，我時常跟他們討論金錢，談論財富伴隨的一些可能陷阱。他們現在都已成年，但我們依然會討論這方面的事。孩子們都很能接受擁有財富的責任。當你有財富時，你有許多選項；當你貧窮時，你沒有太多選項。因此當你的孩子跟你要錢時，你說你沒有錢，那就沒得談了。但在我們家，當孩子來跟我們說：「買部車給我好嗎？」我們會先討論一定會幫忙，或一定不會幫忙的理由，還會問他們應該買新車或中古車。「我們買不起」這個選項根本不在考慮之列。

寵壞小孩很容易，但老實說，我不認為我的孩子被寵壞了。雖然孩子們擁有大筆財富，但我不擔心他們亂花錢。我知道有的孩子沒有明智地利用家庭財富，做出差勁的決策。這種情形或許會發生在那些只會伸手拿錢，卻不懂得如何賺錢，或者是永遠不必工作賺取收入，或者是從來不被期待自己去賺錢的孩子。我的孩子都被期待自己去工作。他們都選擇在安麗事業工作一段時間，由工廠、倉庫到行政辦公室輪換。他們學習安麗運作的基礎，以及成為部門的成員，熟悉這個事業。我的孩子並沒有被逼著去工作，但他們都明白工作是人生重要的環節，也很樂意去做。我們還在亞達城附近買了一棟避暑小屋，好讓他們在學校放假時，在這裡工作。他們每天早上開車上班，就像其他孩子在暑假時打工賺錢一樣。

這種工作倫理妥善地傳給了我們的孫兒，他們在年滿十六歲之後可加入「家族議會」（Family Assembly），接觸各項家族事業利益。雖然要等到二十五歲才有投票權，不過他們可以開始參與、學習和表達意見。我們有一項明確的流程：尊重他們，教導他們責任，同時協助他們了解工作的價值。

在累積了財富以後，你必須決定其價值，以及要如何花用。我和海倫結婚之初，她建議將十分之一的收入存起來，而不是等著看「剩下來」多少可做為捐款。我們不僅做到了，而且做得更多。那筆錢現在存在基金會，我們可以用很明確的方法去規劃捐款，並且預備好資金，等到被要求提供資金給某個機構或計畫時，便不必再「從口袋掏錢出來」，我認為這使得海倫和我能用更加慷慨的精神去做公益。

釐清「想要」和「必要」

此時，你總會遇到一個問題：「我應該擁有這麼多財富嗎？」在這方面，我覺得上帝分配一些錢給我們做為享樂之用，一些錢給我們去體驗祂的世界，一些錢去投資以協助經濟成長和創造就業機會，當然，還有一些錢去分享給那些有急難的人。這並不是因為我們比較好或是有權得到更多錢；我們是被委託管理這筆錢，所以要格外負責任，必須確定個人消費不會凌駕於慈善捐款之上。在你學會保留捐贈金額的預算規劃流程之後，所剩下來的金錢便可花用在任何地方，包括購買房子、飛機或遊艇。當然你可以說，你並不需要這些東西，可以再多捐贈一點。這一點也沒錯，可是，如果你是這種想法，那你除了搭公車之外，就什麼事都做不成了。

但你若「熱愛金錢」，那麼你或許根本不該擁有財富。

我曾經買過一部大型直升機，但在仔細考慮過後，我說：「我不需要這個。它太大，又太吵了。」它對我來說有點太超過了，我對於花太多錢在沒有真正需要，甚或不是很想要的東西，覺得很內疚。於是，我賣掉了它（怪的是，我還賺了一些錢）。

當你有幾乎花用不盡的財富時，你必須用大多數人永遠不必考慮的方式，去決定做某些事，或者不做某些事，因此你要克制自尊，克制「炫富」的欲望。我覺得買下那部大型直升機是不對的，因此我著手解決。沒錯，今日我依然搭乘私人飛機和直升機，但絕對不會影響慷慨的捐贈。

化負面宣傳為正面力量

如同必須開始決定如何處理財富，我同時必須學習處理日增的個人名聲。當安麗公司的成功逐漸廣為人知，愈來愈多外部團體邀請我去演說時，我非常感恩。在事業草創之初，我們受盡嘲弄與各種罵名。醫療界尤其對我們銷售維生素說得很難聽。一些醫生曾研究過營養的議題（一名醫生曾告訴過我，不過皮毛而已），但當時大多數醫生，尚未認真看待維生素和礦物質的健康輔助作用。安麗甚至被聯邦貿易委員會起訴，說是老鼠會什麼的，後來慢慢的，安麗才得到認同。

最後，我們不再聽到壞話，開始得到一些報導，基於安麗所做的事以及人們的生活得到改善。即便是聯邦貿易委員會官司的負面效果，也變成正面力量，因為安麗公司的合法性從此獲得證明。杰和我受邀加入愈來愈多公司的董事會，這些董事會的成員尊重我們，傾聽我們的意見。企業界人士對杰和我的看法很入迷。

有一次我在密西根州密德蘭（Midland）的陶氏化學公司（Dow Chemical）活動上，發表「人類的原料福祉」（Man's Material Welfare）演說。這項演說是在說明人類如何利用原料製造產品，然後在自由市場經濟體制銷售以賺取財富。這家大型國際企業也想倡導自由與自由創業，該公司便利用我的演說做為員工訓練的教材。人們不再一味忽視安麗，轉而開始請教、學習安麗事業。隨著安麗在世界各地成長，我們逐漸得到認同，人們甚至訝異於安麗所做的事，在自由土地上為所有人帶來自由創業機會的訊息也流傳開來。

安麗和我身為企業共同創辦人的知名度日益增加，並沒有給我帶來任何不同。杰和我對於我們做的事感到很開心，也很高興事業成長，愈來愈多人受到吸引。成為名人意味著人們對你的看法不同，有人對你感興趣，有人則不在乎。我們發現，注意安麗的人，通常是對事業有興趣的人，尤其是獨特的事業。安麗的事業計畫締造的成績，讓人們為它的成功感到意外。沒有人想到，藉由幫助別人來幫助自己的這項事業，能夠成長到今日的程度。

我已經習慣成為大湍市的頭條新聞。突然之間，杰和我被視為傑出市民、大人物和本市的貢獻者，這種認同除了來自杰和我的市民貢獻，也來自安麗事業的規模。許多新大樓以杰和我為名，我們倆的名字到處可見，無法忽略。

辛勤工作，努力傳播理念

多年來，當我在世界各地向直銷商演講時，總會得到熱烈的起立鼓掌，有人問我對這種掌聲有何感想。站在設有數萬人座位的體育館後台，聽著對你的輝煌介紹，然後在走進聚光燈下時聽見如雷掌聲，是一種非常令人陶醉的經驗。

可是，我努力不讓自己被掌聲沖昏了頭。我知道，自己是因上帝恩典而獲得救贖的罪人，不是搖滾巨星，雖然有些人好像把我當成了搖滾巨星。我覺得在那些時刻的感受，是一種感恩的心情。聽眾裡有許多直銷商是白手起家，透過安麗提供的機會建立起成功事業，他們是在對這個機會表達感謝。安麗有個悠久的傳統，就是會起立歡迎所有演講人，以示尊重和認同。我們為許多直銷商起立和鼓掌，因為我們認為站在台上演說的人都是重要人士。

當然，每當在安麗以外的機構演說時，我的態度會略有不同——正面的回應很重要，會讓我感到驕傲。如果沒有人起立鼓掌，我會猜想是不是講得不好。我的演說向來是正面積極，支持美國的，所以我會自問：「這種正面回應純粹是因為我傳達的訊息，跟聽眾大多時候聽到的不一樣嗎？」聽眾聽到總統、政客和新聞媒體談論美國的各種問題，以及情況有多麼糟糕。他們想要聽到一些好消息，尤其是有關美國的，我傳播了好消息，聽眾便給予熱烈的回應。

因此，安麗發展出讚美與認同良好表現的文化。我們不會只說聲感謝你，再給予禮貌性的鼓掌。我們起立及歡呼。每個社群的各種人都值得被認同，但是他們有多常受到歡呼呢？在安麗事業，我們站起來表達認同，並且熱切地起立鼓掌及表達感謝。

我和杰的願景一向是辛勤工作，為世界帶來好的影響。或許我的書和演說已影響了人們的生活；果真如此的話，我很感恩。安麗的目標是要讓有興趣的人都有成功的機會。即使不是要銷售產品，在這個社會上，人們能夠在週會上聽到鼓勵，說他們的生活有多順利，他們的公司或國家做得有多好，也是一件很美好的事。每個人的生活中都應該有這種正面態度。

我認為人們喜歡我的演說，不僅是因為我創立安麗，更是因為他們可以夢想自己也能創業。人們渴望聽到別人說他們沒問題、很好、很能幹。我的目標不僅是要鼓舞他們，還要提供他們機會去發揮潛能。人們想要聽到「你可以做到！」而我很樂意跟他們這麼說。

用正面力量鼓勵所有人

當你的名字第一次上報，你會剪報，因為擔心自己或許不會再上報了。我記得第一次跟安麗以外的團體演說，就是第一次發表「推銷美國」的演說。之後我在報紙上找看看有沒有報導，可是，我猜那場演說沒有重要到可以寫成一篇報導。隨著時間過去，我愈來愈成功以後，媒體開始報導我的演說，這讓我很滿足。現在，安麗和我時常在媒體曝光，媒體通常支持我的所作所言，但有時並不支持，不過這無所謂。現在我被視為社區領袖，每當公布一項活動的新聞稿之後，媒體往往會報導，我把這當成媒體認同我一輩子努力工作做個成功人士，尤其是想要對別人的生活發揮正面影響力的人。

我的長孫瑞克就讀高中時，曾跟他的父母抱怨我的名字出現在太多大樓上，害他被別的同學嘲笑。我跟他說：「瑞克，你碰巧出生在這個家庭。我們的家庭人生成功，做的是幫助別人的事業。單是這點就意義重大，值得認同。所以，我們的姓名才會受到媒體矚目，並出現在大樓上。不過那也是因為我們出錢蓋了那棟大樓，或者是那棟大樓建築經費的募款主力。因此，你不必因為狄維士的姓氏隨處可見而感到尷尬，你應該感到驕傲。瑞克，我會認為出生在這種家庭是一種福分，因為我們家人所做的事值得受到談論。」

之後我再也沒有聽過他抱怨了。他長大後做了一些對二十歲出頭的年輕人來說很了不起的事，包括創辦「藝術獎」（ArtPrize）比賽。這個活動吸引世界各地數千名藝術家來到大湍市，還有數十萬觀眾前來觀賞及票選他們最喜歡的作品，以贏取可觀的現金獎金。現在，他上報紙和全國性雜誌的次數，多過我在他那個年紀的次數，我非常以他為榮。

推崇所作所為值得媒體報導，或者受到起立鼓掌的人，是我們需要建立的習慣。我的演說受到鼓掌時，我認為那表示觀眾贊同我所說的話，而不是在稱讚我個人。沒錯，受到歡呼確實是很棒的感受，但我不會讓自己被沖昏了頭。我知道每次演說都必須獲得尊重。杰和我正好從事需要啦啦隊長的事業，於是我成為了一名啦啦隊長。

我是個積極的人，我用積極的眼光去看待事物，總是站在各種議題的積極面。曾有人指責我不夠批判，或是沒有盡快挑出過錯，這完全正確。我不常看到過錯，不擅長看見壞的那一面；我的天性是在人們身上尋找好的一面。我明白，在人生中，需要保持一點戒心，多一點批判，但那不是我的風格。我認為每個人身上都有一些優點，幾乎每個人都有值得稱道的地方。或許那種態度正是讓我擁有財富與名聲的關鍵。

第十二章 家族財富

家族事業！這個名詞始終圍繞著美好的光環。「家庭」是安麗事業的四大基石之一。事實上，大多數安麗直銷商都是夫妻一起合作，甚至他們的子女也參與其中。杰和我總是驕傲地跟直銷商說，安麗是一項家族事業。直銷商可以相信，杰和我身為事業主，對於安麗要如何經營有著最後定奪權，而不是公開上市的股東。因為那是我們自己的事業，安麗短期與長期的成功對我們來說都很重要。直銷商也得到保證，我們會根據自己曾經成功創業的經驗，做出穩健的事業決策；杰和我會根據自己的基督教背景和原則，善待員工和所有的事業夥伴。

今日，我依然為安麗是一份家族事業感到驕傲。我最小的兒子德擔任總裁，而杰的長子史提夫擔任董事長。他們兩人合作的模式正如同杰和我一樣，讓我很感動，而且他們遵循穩健的原則，來經營一家規模高達數百億美元的國際企業，比起杰和我經營時更大，更複雜。

杰的四名子女和我的四名子女到了高中的年紀之後，我們心想他們之中至少有些人將來會在家族事業工作，所以他們必須在不同部門工作，以認識安麗和公司營運方式。杰和我的每一個子女都要在安麗各部門工作六個月，累計取得五年的經驗。他們在倉庫、工廠、研發實驗室和辦公室等處工作，包括日班與夜班。有些人是在高中時以暑期工讀的方式展開這項訓練，像是清掃地板及修剪草坪等。我的長子有一段時間是擔任導覽員。他跟來賓自我介紹是「狄克．馬文」（Dick Marvin），馬文是他的中間名字，這樣人家就不知道他是我的兒子。狄克和其他人一樣從基層做起，學習在組裝線工作。當然，每個小孩的五年訓練所做的工作，後來都變得愈來愈複雜。

1990年代初期，我的心臟病開始變得嚴重，需要做繞道手術。我的病情使我無法工作。那時候，狄克已在安麗工作了大約十五年，最近五年他擔任的是國際副總裁。他不眠不休地工作，有幾年的時間離開安麗，自己去創業，但我要求他回來接替我的職位。

杰後來也有了健康問題，打算將日常職務交棒，所以，狄克接替我的職位數年後，杰和我認為他的兒子史提夫是最有資格接任董事長的人選。

建立家族傳承

狄克和史提夫接替了杰和我之後，他們快馬加鞭，處理一些棘手的挑戰。例如，他們要引導公司，度過1990年代後期銷售下滑的危機。由於銷售滑落，狄克和史提夫還必須做出艱難決策，裁減員工人數和調整管理階層，以及改變公司結構。當時狄克告訴我，公司需要貸款以支付裁員費用，因為銷售收入不夠負擔這筆金額。

我說：「狄克，我以為裁員是為了減少成本。」

他說：「只進行適當的裁員，無法節省成本。公司需要妥善資遣，結算年資，再幫他們找到新工作。」

回想起來，我明白杰和我一直不願意做出裁員的決策。杰和我不想去面對它，我們想說下個月或明年情況就會好轉，公司就會沒事了。狄克和史提夫不但做出艱難決策，還用正確的方法去處理，很快就讓安麗公司恢復獲利。

狄克接任總裁時，他說：「我給自己六年時間來做這份工作，然後我打算改變。」他說的話沒錯，不過他做了十年才打算離開。此時，我的小兒子德已完成訓練，先後派駐在布魯塞爾及英國，擔任地區總經理，接著升任亞太和全球直銷商關係資深副總裁，以及安麗營運長，他已準備好接棒了。

狄克已準備迎接新挑戰，迫不及待想重回他自己創立的公司。現在，他和妻子貝姿擁有及經營數家公司。他也是我們家族辦公室內，RDV公司的董事長，專門處理安麗和魔術隊之外，各項狄維士家族的商業活動。他還肩負起一項全新角色，即接替家族領導的地位，擴展家族利益結構，以鼓勵世代接班，好維持繁盛的大家族。

除了管理安麗和魔術隊之外的事業，家族辦公室的一項重要功能是，讓家族成員定期聚會，決定重要家族事務。我們成立了「狄維士家族理事會」（DeVos Family Council），由子女和他們的配偶組成，每年開會四次。家族理事會甫通過一項家族憲法，它完美傳達家族使命和價值觀。我們認為這個方式，可以鼓勵和確保海倫與我身體力行的重要原則，能夠傳承給後代子孫。家族理事會也同時討論，如何共同管理家族財務利益和慈善活動。

我們還另外成立「家族議會」，成員包括祖孫三代——海倫和我、子女和他們的配偶，以及孫輩，每年集會一次，所有家族成員都要出席。當孫輩年滿十六歲以後，將在一個正式儀式中加入家族議會，所有成員都會出席觀禮。叔叔或阿姨會介紹他們的成就，提醒未來將擔負的責任，並確認他們成為家族議會的一份子。他們有資格受邀參加集會，討論重要的家族事務。等到年滿二十五歲，符合更多資格可以承擔更多責任之後，便能夠在開會時投票。

透過家族辦公室，我們還擬定了一項計畫，教導孫子女事業原則、領導與團隊合作等技能，以及傳遞家族在人生與事業上成功的價值觀。這些價值觀是海倫和我從小到大所奉行的準則，我們認為，子女也應該鼓勵第三代去實踐這套相同的價值觀。

我認為，一些孫子女有意願在安麗工作。如果他們是認真的，必須取得四年制大學學位，到別家公司工作數年之後，才有資格回來應徵安麗的工作。

和妻子海倫相遇

家族事業對我意義如此重大的理由之一，或許是因為家庭對我來說，一直都很重要，從我成長的家庭，和海倫結婚，將子女養育成人，最後是看著孫子女長大。我已經和大家分享了幸福美滿的童年回憶，那塑造了我的一生。那種充實的經歷必然使我受益良多，因為我有幸娶妻生子，建立起和成長的家庭一模一樣的家庭。

如同杰・溫安洛開車載我上學，因而展開終身合作，我和海倫也是因為一趟短短的車程而結識。1946年一個怡人的秋日，我搭著朋友的車，行經大湍市東南區一個社區，看見兩位年輕小姐結伴而行。我的朋友認識她們，因為她們和我們念同一所大學，於是我們便停下來，問她們要不要搭便車。她們說快要到家了，再走一下沒關係，但在我們的慫恿之下，她們上車了。

那趟車程很短，就一個路口，便抵達她們要去的房子。我們送她們下車，第一個女孩禮貌性地說聲謝謝之後，便走掉了，於是我攔下第二個女孩，問她剛才那個女孩是誰。她拿走我一本教科書，在上頭寫上：「海倫·范韋賽」，並附上海倫的電話號碼。那本書還保存著，但我必須老實說，我把海倫的電話給了一個朋友，他還打給她。

無論如何，我們還是認識了，過了一段時間，我終於打電話給她。那時杰和我的飛行學校已結束了好幾年，不過我的人脈還在，於是，海倫和我第一次約會就是在一個晴朗的禮拜日午後，搭飛機欣賞大湍市。我們之後仍繼續約會，但在同時也和別人交往。約會一陣子之後，我們會有一段時間互不見面，然後我又再打電話給她。就這樣持續了一段時期，直到夏末時有一天，海倫去探望一位教師友人，她的木屋附近，就是杰和我停放動力小船的地方。她帶朋友的兩個小女兒去散步，她們想去看看那些船。

我正好在那裡，載叔叔嬸嬸去坐船，看到她們走下碼頭，我又再一次問她要不要搭個便船！兩個小女孩很是興奮，於是她們三人上船，這又是一段很短的航程——到加油碼頭去加油後便返航，因為我已經載長輩坐完船了。那次偶遇讓我想再次見到海倫，這回我明白我已愛上她了。那一年年底，我們便論及婚嫁。

那個年代還不流行找牧師，或是其他專業人士進行婚姻諮詢，但海倫和我明白，我倆在最重要的價值觀上十分速配：除了彼此相愛以外，還有著共同的宗教信仰、家庭成長背景和相似的價值觀。在這個堅實的基礎上，以及欣賞彼此的能力、個性和對人生的展望，海倫和我的婚姻持續了六十年以上，而且還很恩愛！我們生養了四名子女，深愛他們，並以他們為榮；子女結婚後，又給我們添了總共十六名孫子女，現在，還有兩個寶貝曾孫女。這些年來有人問我，為何我們可以把子女教養得這麼優秀，我只能說，上帝祝福身為父母的我倆。我還要說，海倫的功勞最大，她是個全職母親，我把大部分時間都花在建立事業、夜間加班和出差。我非常感恩子女都成為能幹、努力工作和慷慨的成人。

重拾冒險樂趣

子女成長階段我最重要的一件事，就是在規劃全年行事曆的時候，訂出家庭時間。首先是生日，然後是孩子們會參加的學校活動，再大一點以後就是參加他們的體育活動。節日是一定要空出來的，因為許多節日還是跟整個家族一起慶祝。家庭極為重要，我們盡了最大努力聚在一起，共同從事活動。因為如此，我很早就決定放棄高爾夫球這個運動。孩子還小的時候，高爾夫球並不適合做為全家運動。在我那個年代，有小孩的年輕父親，通常會在禮拜六和一群男人去打小白球。打高爾夫球就等於每個禮拜六早晨丟下你的家人，我不能那麼做。

儘管早年杰和我的乘船冒險並不順利，我還是一直熱愛帆船。1960年代中期，有一個週末海倫和我出遊，住宿在密西根州索格塔克（Saugatuck）河上的船旅館（boatel）。在住宿的第二個晚上，我們正坐在陽台上時，一艘帆船想要進來停泊，於是我衝過去幫忙拉住繩索。等繫緊繩索後，我得知那艘船是三名男人所有，而且打算出售。（一艘船有三個船東？難怪要把船賣掉！）我趁機好好把船裡裡外外，上上下下檢查一遍，再跟水手們聊聊船的航行功能等話題。我回去跟海倫說那艘船要賣掉，結果我和海倫的談話就有了新進展。她知道我熱愛航行，也談過將來想再買艘帆船，在不注意之下，機會就送上門來了！夫妻兩人才單獨出遊兩回，突然間就要面對可能以有趣的方式，改變生活的決定。我們跟船東約好日子試駕，滿心期待著那一天的到來。

等到那一天，我們帶著兩個兒子同行，但在到達湖邊後，卻差點想要放棄。船上的水手開心地說，浪頭好大，高達十英尺。我可沒那麼開心，因為我知道海倫惴惴不安，兩個男孩眼睛也瞪得圓滾滾的。不過，我們還是上船了，穿上救生衣（救生衣年代久遠，還有大大的領子，很難穿上），把船開出水道。原本還好好的，結果一下子船就撞到湖邊，一側傾斜。我看到海倫坐在高的那一側，一手抓住絞盤穩住自己，另一手抓住一個小孩；她叫兩個孩子坐在甲板上，而且叮囑他們要彼此抓牢。

那幾位水手兼推銷員呢？掛在主桅上，抱著主帆，開心得很。等我們終於搞定，回到碼頭時，我和水手們很好奇海倫會有什麼反應，畢竟，如果我們買下船，她也成了船東，而她在試駕時顯然不是很開心。可是，她讓我們大感意外（她說她屈服於無可避免的事），她說她覺得那艘船會很適合我們全家，從那天起我們便成了船東。

航行哲學

那項決定帶來意外的結果，但全都是好的，而且一直延續到今天。雖然算是重新開始，但航行對我們家來說，意外地成為一項很好的運動，因為家人可以共同分享及一起享受。它自然而然地教導孩子們負責任。因為船上起居空間有限，衣服一定要收好，才不會害別人被絆倒；睡鋪需要馬上整理好，大家才有地方可以坐。孩子們很快就學到，打掃清潔是擁有船隻必須做的事情之一，這也包括船艙以外的地方。每天早上，甲板需要抹乾，扶手要擦拭，船隻要整理一番，以準備當天出航。狗要帶出去大小便——沒錯，我們把狗也列入其中。

這艘船讓我們有機會用特別的方式去旅行。很多年的夏天，我們會花上三個禮拜在密西根湖旅行，從一個港口到另一個港口，直到西岸。我們通常一天只航行五十英里。我們學到的另一件事是，駕船不可能由A點直接到達B點，所以要花很多時間駕船。擁有帆船真是件苦差事！我試著一大早就出航，因為孩子們會不耐煩，到了差不多下午兩點，他們就會想下船去玩。

如果湖面平靜，可以巡航的話，我就會利用那段時間，指導孩子如何替扶手磨砂，好準備上漆。船上有很多扶手需要清理，他們總是願意幫忙。等到抵達目的地，我們會在港口停靠，上岸去玩球或在鎮上遛躂，吃冰淇淋或牛奶軟糖。他們對此有愉快的回憶，還有那些小鎮——潘特瓦特（Pentwater）、白湖（White Lake）、拉丁頓（Ludington）、勒蘭（Leland）、法蘭克福（Frankfort）、夏洛瓦（Charlevoix）、佩托斯基（Petoskey）、哈伯斯普林斯（Harbor Springs）和北角（Points North）。

在各個港口之間旅行，也教會孩子們規劃和及早出發的重要性。可能遇到濃霧或困難狀況，讓他們學會要早點出發，才能準時抵達目的地，如此一來，即使天氣變壞，你也不必應付——因為早已停好船，準備過夜了。旅程中只有我們一家人，沒有電視、手機或電腦的干擾，大家在一起聊聊去過的地方，白天發生了什麼事，計畫明天的航行策略，確認下一個燈塔或標的物的位置——總之就是大夥兒一起聊天。孩子們在船上是跑不遠的，所以，我們可以一起聊聊生活裡的各種話題。我希望這些談話及我們為孩子提供的經歷有所幫助，後來他們甚至還學會了駕船。

潛移默化的家庭教育

領導能力是可以教導的嗎？我們的孩子看過領袖，但成為一名領袖卻不是學校課程的一部分。他們必須邊做邊學。如我所述，我認為領導能力必須經由實踐才能被發掘。企業人士往往會發現，他們具備自己從沒想過的領導能力。很開心的，我的子女後來都成為優秀的領導人。我想那是耳濡目染的結果，因為他們看著及聽著知名領導人談論如何因應不同的局勢。看到領導人展現領導能力，可造成一定的影響。我的兒子丹在安麗工作了十三年，專門負責直銷商關係，他任期的最後十三個月和家人派駐在東京，當時負責管理八個亞洲市場。回到美國以後，他決定跨出大膽的一步，自行創業，後來在西密西根開設了二十多家汽車與福斯賽車運動（Fox Powersports）經銷門市。他擁有一支小聯盟的曲棍球隊和其他事業，我們最近更借用他的商業才華，替家族管理奧蘭多魔術隊。

我的女兒雪莉也參與安麗事業，擔任全球化妝品事業副總裁，有數年時間替我們管理魔術隊，那段期間還生養了五名子女。她也加入安達高（Alticor）及安麗董事會，而且是她的母校希望學院（Hope College）的董事；她確確實實是個領導人。媳婦們也有很好的領導能力：貝姿在地方和全國都展現了政治領導能力，並推動擴大美國各地的教育管道；帕梅拉在時尚產業擁有成功事業；瑪麗亞積極地主持多個社區計畫以造福西密西根州。

海倫和我毫不懷疑子女擔任領導人或好好過生活的能力。他們知道如何尊重他人。海倫和我跟孩子們強調，所有人都是有價值的、重要的，因為他們都是上帝創造的。如果你不尊重他人，他們要如何尊重你？好的領導人要先尊重他人，才能贏得尊重，同時要做個誠實、值得信任的人，言出必行。人們總是會善待尊重他們的人；絕對不能因為人們沒有上好的學校，或者沒有擁有跟你一樣的機會，就因此輕視他們。那樣並不會讓他們沒有價值，不重要或不能幹。我們的子女在安麗事業學到，所有人都有能力。在安麗家庭成長是一項莫大的正面經歷。

家庭的強大力量

很幸運的，海倫和我對於教養小孩的意見一致。這是跟家庭背景與信仰相同的人結婚的好處。若是父母來自不同背景，必須找到共同立場才能把有意義的事教導給孩子時，就會面臨考驗。可是，如果你的婚姻和我相同，配偶來自相同背景，那你在結婚前就會明白，兩個人在什麼地方意見一致。海倫和我唯一的不同之處在於，她是獨生女，所以，有時候當她煩惱四個孩子讓家裡鬧哄哄的，我就得幫她的忙。

她會跟我說：「家裡應該是這樣子的嗎？他們原本就該有這種表現嗎？」

我會說：「這很正常，親愛的，不要擔心；沒錯，他們原本就應該偶爾互相打架的。」

多年前我在寫《相信的力量》這本書時，其中一章談到我對家庭的理念。從當時到今日，我依然相信：「美國制度的活力……維繫於數百萬平凡美國家庭的客廳、餐廳、房間和後院。」回想我自己童年時的家庭，我相信這句話是對的，我想到舒適的家，家人在餐桌上的談話和祈禱，父親鼓勵的話語，飯後洗碗時和母親聊天，還有跟小妹珍一起打桌球。我對孩子接受海倫和我灌輸給他們的價值觀和信仰滿懷感激，我相信這句話是對的。我認為，狄維士家族的未來是強大的，因為我看到我的每個孫子女成長，開始培養領導能力，並且在世上留下他們的貢獻。

第十三章 上帝拯救的罪人

安麗直升機剛剛飛過麥其諾大橋（Mackinac Bridge）的兩座高塔，這座大橋連接密西根州的上下半島。我們慢慢盤旋，降落在麥其諾島的一條小型草地跑道上。我應邀到底特律商會（Detroit Chamber of Commerce）發表年會演講，我準備了一些安麗事業的資料要分享給這群成功的企業人士。最重要的是，我打算跟他們談談「人生豐富者」這個概念。

數百人聚集在格蘭德飯店（Grand Hotel）古色古香的宴會廳，蓊鬱的林地和休倫湖（Lake Huron）的美景盡收眼底。他們一邊享用午餐，一邊等候我的演說。介紹人一直稱讚我「身為本州傑出企業家的豐功偉業」；他純粹引用我的簡介內容，所以我其實不能怪他，可是，他的介紹是我聽過最冗長及浮華的。我很想站起來說：「今天是你要來演說還是我？」

在我的輝煌介紹結束後，我站在講台上，看著觀眾，我感謝那位仁兄的美言，但加上一句：「那番介紹其實不是在說我。容我告訴各位我真正的身分。我是一名罪人，被上帝恩典救贖的罪人；我是一名基督徒，被耶穌拯救的基督徒。這才是真正的我。」那是二十多年前的事了，此後我經常這樣介紹自己，即使是對非基督徒的團體。我並非試圖讓他們改變信念，只是想表明我從何而來。

有一回我跟一個非常虔誠的猶太團體這樣介紹自己，演說結束後，一名女士趨前來問我說：「你可以來我們會所跟我的小組演說嗎？」她似乎不介意我公開宣揚自己的基督教信仰。我的本意不是冒犯人們，而是要鼓勵他們。而且我也沒有能力讓任何人改變信仰，唯有上帝才有這種力量。

宗教信仰分歧的童年

我出生在基督徒家庭，所以我在一個信仰堅定的家庭長大。我的祖父母和外祖父母都是由荷蘭移民到美國，他們都是基督徒。雖然祖父來到美國時並沒有信仰，但成人後已是位虔誠的基督徒。祖父的媽媽在他還小時就過世了，他的爸爸消失無蹤，於是十一歲時他攢到足夠的錢後，買了一張船票離開荷蘭，希望在美國這個希望之地過上好日子。祖父結婚成家時還不是基督徒，有一天大湍市東街歸正福音教會的牧師去他家敲門，和他分享上帝，祖父便將他的人生交給上帝，成為了基督徒，最後全家人也跟著他一起入教。

我在荷蘭移民的社區長大，他們都是新教徒。在分隔市區的大河西邊是波蘭移民居住的地方，他們是天主教徒。在我成長的過程中，這差不多就是大湍市的宗教多樣化程度。我們跟波蘭鄰居玩足球和棒球，比賽太過激烈時，我們還會跟他們打架。信仰是所有人生活的一部分。波蘭人上天主教會，荷蘭人上美國歸正會或歸正福音教會。通常，街頭有座美國歸正會，街尾有座歸正福音教會——歸正福音教會是由美國歸正會分裂出來。目前，我和一些人士正合力想讓這兩個基督教支派合併起來。

海倫從小就參加歸正福音教會，至今我們仍是大湍市拉葛拉維街歸正福音教會的教友。但我小時候，家裡是信仰由歸正福音教會分裂出來的更正教會。最早的教堂是厚實的磚造建築，有一個大型聖壇，兩側有寬廣的陽台，我記得沒錯的話，這個教堂有八百人的座位。它座落在大湍市法蘭克林街和富勒街的交叉口。教會的發起人是豪克摩（Herman Hoeksema），他是一名歸正福音教會的牧師，但是和其他神職人員對於部分《聖經》章節的詮釋有所歧異。他相當堅持己見，便離開了歸正福音教會，和幾名教友另外成立一個支派。外祖母支持豪克摩牧師，所以加入更正教會，還帶著子女一起去，包括我的母親。外祖父則留在歸正福音教會，每個禮拜日各自上各自的教會。

神學歧異不僅分隔教徒，甚至可能會分裂家庭。婚姻可能因教會不同而瀕臨破裂。親戚可能因為神學觀點而互相看不順眼。我們家三代都隸屬於更正教會，但最後我的父母、妹妹和我都回到歸正福音教會。母親後來說，她無法想像那些年來，他們怎麼可以讓她的父親獨自一人走去教會，但外祖父很堅持，拒絕跳槽。

真正投入上帝懷抱

我們社區的孩子大多都記得去上慕道班這件事，通常是在禮拜三晚上，年輕人可以藉此深入學習教義。我們也信奉使徒信經（Apostles' Creed），其中收錄了各地基督教的言論和科目——我信上帝，全能的父，創造天地的主，我們全知的領導。

我每個禮拜日都和家人一起去教會，無論是早上或晚上。禮拜日就是要做禮拜的日子。上帝命令我們要維持禮拜日的神聖，許多家庭都有規定那一天所能做的活動。例如，我們可以在前院玩球，可是不能去看在禮拜日舉行的球賽。我們家把禮拜日當成家族互動的日子：我們家的禮拜日晚上傳統，是到某位叔叔和嬸嬸家去吃晚餐，然後一起參加晚間禮拜。我上基督教中學時，班上同學常會在晚間禮拜結束後到家裡來。母親會為我們準備點心，我會和同學玩遊戲、聽廣播，或者就是隨意聊天。鎮上很少店家在禮拜日營業，我們不會想要出門，可是也從不覺得受到限制或者被禁足。我們家永遠對我的朋友開放，杰時常過來，他跟母親變得很熟稔。我的母親很慈愛，接納了我們所有人。

除了教會和家庭的影響，我念的基督教學校也為我建構起世界觀和人生觀，奠定人生的基礎。地理課是要研讀上帝創造的世界；在討論人際關係時，我們認為所有人都是上帝創造，所以應該相互尊重。如果有個學生擅長運動或某項樂器，或在課堂上表現優異，我們會認為他們的才華是上帝給予的天賦。由於我的雙親堅決相信基督教育，即使在那個艱困的年代，他們仍努力存錢好讓我能夠去念基督教學校；我就是在大湍市基督教中學認識了杰·溫安洛。你能想像，假如我沒有去讀那所學校，我的人生會有多麼不同嗎？

我相信是上天的眷顧，讓我們兩人去讀那所學校，杰和我也因此成為最好的朋友。

在更正教會，我們在嬰兒時期就要領洗，象徵加入上帝與人類之約。到了高中畢業的年紀時，我們要在會眾面前公開聲明信仰。由於我並不是完全同意在教會聽到的論調，因此我決定延後公開聲明信仰。我全心信仰耶穌基督，可是我對教會主張的神學觀點有一些意見相左，所以想等上一段時間。

退伍回家之後，我跟另一名牧師講起我的難處。傾聽之後，他說：「你知道嗎？你的上帝太渺小了！你不了解祂何以事先知道你要怎麼做，祂仍給予你完全的自由意志，但這不表示祂做不到。祂是宇宙的神，而我們只是凡人。」我把這番話徹底想過一遍，就明白我的牧師朋友是對的。我成長時崇敬的上帝是全能、全知、全在，而我卻愚昧地用人類的層次去看待祂。

當我重新回到我早已認識的上帝，我已準備好向教會會眾宣布我的基督教信仰，接著就是向全世界宣布。

區別事業與信仰

我的決策向來是以宗教原則為依據。杰和我選擇的生活方式，是依據上帝真實存在及人生而平等的信念。我們在安麗實踐這種平等，尊重所有人，不會限制任何人不能成為直銷商。

人們的所作所為是重要的，這證明他們是怎樣的人。不論他們的膚色、教育或種族，大家都享有可加入安麗事業的平等機會。我們遵照此一原則創辦安麗——唯有直銷商經營誠實的事業，幫助別人前進，他們自己才能前進。沒有人可以踩在別人身上來獲利。

許多安麗的傑出直銷商，會公開表達他們的基督教信仰。我忍不住提醒他們：「我不希望在參加安麗大會聽到佈道，就像我不希望去教會時聽到安麗一樣。所以，我們明確分開這兩件事吧。誰知道某個人因為認識你及安麗其他人，他的人生會發生什麼事？可是，我們不要強迫宗教議題。如果你想要跟你的人員討論你的信仰，請在私下場合進行，不要在安麗的場合做這件事。」

在那之後，直銷商在週末舉行聚會時，許多人會另外在禮拜日舉行教會活動，開放給想要參加的人。那不屬於事業聚會的一部分，我們很滿意這種安排。這類禮拜日活動邀請許多不同牧師，幫助人們找到基督教信仰。不過，在我對安麗以外的團體演講時，我仍然介紹自己是一名基督徒，讓大家知道信仰是如何主導我的生活。

蒙受上帝眷顧恩典

如同我強烈相信自由創業、樂觀，和我在本書分享的其他原則，我更加堅決相信一件事：主耶穌基督以及教會使命。我絕對不會把個人信仰強加在他人身上，但我願意公開宣示我的信仰。我的信仰是人生中如此圓滿成就的一部分，我怎麼能夠不和別人分享這個好消息呢？由於我一直公開地強調基督信念，有人曾問我安麗是一個基督教組織嗎？安麗公司有很多傑出的基督徒，可是公司無法成為基督徒，只有人才能成為基督徒。安麗是一家國際公司，而目前營運的國家之中，大多數人民信仰的是基督教以外的宗教，但我們全都歡迎他們來分享「安麗機會」。

雖然我從不利用福音來宣傳事業，但也不會在禮拜日離開教會之後，便停止我的信仰。我是一名身體力行的基督徒，我無法做出與信仰不相容的決策或立場。身為一名累積了許多物質財富的成功企業人士，我從未以為不再需要上帝的恩典和指引。我的所有物質財富均來自上帝，唯有崇敬上帝，金錢才能帶來真正的快樂。

回顧這一生，上帝對我如此眷顧，我不禁要問：「主啊，為什麼是我？」我只能承認我的一切都屬於上帝，基於某種緣故，祂讓我做為祂的管理人。我相信並依賴上帝。這才是真正信仰與謙卑的真諦。

我感謝上帝，讓我能夠在指引我加入基督教信仰，並鼓勵我每日實踐信仰的家庭和社區中成長。

這種實踐從未構成一種負擔，反而為我帶來莫大的喜悅、安慰和詳和，我希望每個人都能感受到。

第十四章 人生豐富者的城鎮

請想像，在出乎預料之外，你獲邀加入一個委員會要去籌募數百萬美元。有一回大湍市市長就對我提出這項邀約，目標是募款以恢復大湍市昔日的光輝。如同1970年代美國大部分的城市，當時大湍市的資金和人口都外流到郊區，亟需恢復活力。四條主要街道之一的蒙洛大道，有幾家老舊的百貨公司和平價商店，很多店面都是空蕩蕩的。一度繁華的潘特林飯店（Pantlind Hotel）已經破舊不堪。市區仍有幾輛公車在行駛，但市中心已不再熱鬧。活動的樞紐已轉移到郊區住宅區和購物中心。

我先前提過，市民的歸屬感將可造福鄰里。如果我們對自己所住的城市感到驕傲，希望家鄉繁榮，便可以做出積極的改變。我也談過做為人生豐富者的好處，以及這種正面態度與行動如何幫助大家成功。但是在四十年前，當家鄉變得荒蕪，亟需援助時，那種態度卻很少見。

最終有一個人站出來帶頭——大湍市首位黑人市長李曼·帕克斯（Lyman Parks）。他成立了一個由企業和社區領袖組成的委員會，籌募資金以修繕原有的會議中心及興建一座音樂廳。有好的會議中心才能為本市帶來更多會議業務，音樂廳可以讓城裡發展中的藝術團體進駐和演出，尤其是早已有規模的大湍市交響樂團，此前他們一直在破舊的市民中心進行表演。

重新打造「市中心」

我獲邀加入委員會，並被指派與本地銀行總裁狄克·吉列（Dick Gillette）一同擔任募款委員會。我們聘請了一名擅長音樂廳設計的芝加哥建築師，來設計音樂廳——大湍市史上首座音樂廳。狄克和我找上大湍市所有士紳，希望能夠籌募六百萬美元，這在當時可是一大筆錢。最終卻一無所獲。

狄克和我當時在安麗公司，為可能的捐款者舉辦了一場邀請入場的晚宴，來介紹音樂廳。我們的重點在於，這個音樂廳有可能成為大河市區的熱門集會場所。我們解釋，拜早期住在這裡的美國印地安人之賜，條條山徑都通往大河。道路在興建時，也跟著山徑的路線，所以四面八方的人都可以來到河邊這個集會地點。募款活動的主題就稱為「大河的集會地點」（A Meeting Place on the Grand）。募集六百萬美元是艱難的任務，當時的人不像現在一樣有捐贈的習慣。我跟數個富裕家庭接觸，並跟他們提議，只要捐款一百萬美元，音樂廳就可以用他們家族的名字來命名。但沒有人買帳。當時並不流行大額捐贈或是在建築物上冠名，以表彰慷慨的市民。

狄克後來跟我說：「我真不希望這些人的姓名掛在音樂廳上。我希望你可以冠名。你代表新一代的施予者。你是新起之秀，我希望你成為百萬美元捐款人。那麼我們便可以把你的姓名掛在音樂廳。」

身為企業人士，我比較關注的是會議中心，但海倫卻對藝術有興趣，當時她是大湍市交響樂團的董事會成員。捐一大筆錢給音樂廳是一回事，同意用狄雅士的名字來命名又是另外一回事。海倫和我遲疑了很久，彼此認真討論，又跟一些親近的朋友討論。最後我們決定同意冠名，但真心希望不會被視為炫耀或自尊、自傲。因此，本市的新音樂廳冠上了狄維士的姓氏，迄今依然如此。

安麗格蘭華都飯店的誕生

這筆捐獻意義重大，因為這是海倫和我的第一筆百萬美元捐款。可是對大湍市更有意義的是，狄克．吉列對下一代的願景。「從現在開始，」他說，「我們可以去找地方上的不同人士，以你為範例，開始要求大筆捐款。這將為新一代的施予者定調。」他明確地將音樂廳視為此類專案的開端，以及以市民捐款人為新建物取名的濫觴。

狄克是對的，音樂廳的案例掀起大湍市前所未見的捐款熱潮。

新建物的靈感源源不絕。新的會議中心鄰近需要飯店，當時的大湍市也沒有宴會廳可供舉辦慶祝活動或大型活動，於是大家開始構思一家附設集會廳、宴會廳、餐廳等場地的新飯店。如果我們想要振興市區，必須解決缺乏此類設施的問題。我被指派去接洽希爾頓（Hilton）飯店和其他飯店業者，詢問他們是否有意在大湍市區興建一座飯店，但他們都表示，目前正在機場附近蓋飯店，而不是市區。

此時我說：「杰，我們為什麼不來蓋飯店呢？你知道，我們可以的！」杰同意了，於是我們就動手去做。杰和我並不是興建一座新飯店，而是買下位在舊市區的潘特林飯店，將這棟老朽大樓改裝成豪華飯店，改名為安麗格蘭華都飯店。我們聘請了一組大湍市的建築師，馬文・狄溫特（Marvin DeWinter）和葛瑞琴・明哈爾（Gretchen Minhaar），以及亞達城的丹沃斯建設公司（Dan Vos Construction Company），來負責這個案子。原先的飯店客房以現代標準來看太小了，所以我們把兩間房間併成一間。地下室的老舊下水道、水管和蒸汽管線也全部換新。我們還聘請紐約知名設計師卡爾頓・瓦尼（Carleton Varney）重新設計房間裝潢，因為每一樣東西都要更換，才能把荒廢的遺跡變為現代的四星級飯店。他的設計非常高雅——大廳天花板有著金葉子、長毛地毯和精美的家具。我們的朋友，美國駐義大利大使彼得・塞其亞（Peter Secchia）把樓層出租給我們做為兩家餐廳，一間是高級餐廳，就是後來時常得獎的「1913 Room」，另一間是比較休閒的「Tootsie's」。

老舊市區得到重生

重新裝修飯店是一項令人滿足的冒險，但杰和我從未以飯店老闆自居。我們主要是希望恢復飯店的光采，促進大湍市的發展，展現對市區未來的信心。本地民眾立刻看出，安麗格蘭華都飯店可做為本市的樞紐，會議、婚禮和其他大型慶祝活動立刻將飯店預約一空。福特總統在祝詞中更表示：「這個城市獲得了重生。」

新飯店在1981年開幕，數月後，杰和我便考慮在旁邊興建一棟二十九層的大樓。這棟大樓其實已經完成設計，但我們想應該喘息一下，再著手興建另一棟新大樓。對於新大樓的需求我們沒有具體構想，原先設想的需求是本市終究可能需要新的會議中心。考慮了一陣子以後，我們覺得永遠無法取得足夠資訊，來證實這棟新大樓會有生意，於是我又說了：「杰，我們不如乾脆放手去做吧？你知道，我們可以的！」

他同意了，所以安麗又蓋了新大樓。

兩年後，安麗格蘭華都飯店有了新館，現代的設計與內裝，客房裝潢則迎合喜愛設計風格的客層。

杰和我明白，要讓人們住進市區，飯店才能維持下去，所以我們接下來的計畫是興建大湍市的第一棟公寓大樓，後來取名為廣場大樓（Plaza Tower），裡頭的房客都愛上了市區。不幸的是，我們從外地找來的建商偷工減料，大樓內外開始出現嚴重的漏水問題，其他問題也逐漸浮現。認真考慮之後，一個辦法是索性拆掉這棟大樓，拆掉大樓的成本反而比重新整修還要便宜，可是杰堅決的說：「我們不是拆大樓的人，是蓋大樓的人。我們再把它蓋好吧。」既然如此，就沒什麼好再討論的了。於是，杰和我再度整修一棟大樓，讓它恢復美觀及適合居住，裡頭的屋主也很寬容地同意遷移他處，直到整修完畢。

建設「醫療大道」和體育館

大湍市區的進化持續展開，一次又一次的募款，一幢大樓才蓋好，緊接著又蓋另一幢。在大湍市成長，但三十年前離開這裡的人，現在如果看到了這裡的天際線，可能都認不出來。飯店在1981年落成之後，新的市區建築包括一座體育館、市立美術館、大谷州立大學市區校區，新的會議中心取代了已不敷使用的舊中心，一座萬豪飯店（JW Marriott），以及今日所稱的「醫療大道」（Medical Mile）：溫安洛研究中心（Van Andel Institute）、梅耶爾心臟中心（Meijer Heart Center）、雷蒙霍頓癌症中心（Lemmen-Holton Cancer Pavilion）、海倫．狄維士兒童醫院（Helen DeVos Children's Hospital）、大谷州立大學的庫克—狄維士醫學大樓（Cook-DeVos medical building），以及密西根州立大學人類醫學院附屬的塞其亞中心（Secchia Center）。

擁有一萬兩千個座位的溫安洛體育館（Van Andel Arena），吸引了數千人前往市區。它也成為了大湍市葛瑞芬冰球隊（Grand Rapids Griffins）的主場，娛樂界一些大牌明星也曾在這裡舉辦過演唱會。一個民間委員會取得市府的同意，在市區興建體育館，然後經由官方與民間合作的形式進行募款，多年來的夢想終於實現了。在完成大型飯店與體育館之後，大湍市也能容納更大規模的會議中心，本人很榮幸能贊助。現在，狄維士中心（DeVos Place）也成為大河沿岸的風光。

大湍市的重生，最值得一提的或許是過去二十年來，沿著密西根街紛紛出現的醫院和醫療大樓。杰在考慮要設立一個醫學研究中心時，我跟他談到要把研究中心設立在市區。杰和我被視為發展大湍市的先驅，所以我認為最合適的方式，莫過於把杰的研究中心——溫安洛研究中心——設立在市中心，靠近大型市區醫院史派克特倫醫院（Spectrum Health）。他同意了，並在醫院西側找到一塊地。他在那裡興建了一座美觀的研究大樓。

之後是高達二十層樓的梅耶爾心臟中心。募款活動是由史派克特倫醫院的董事鮑伯．胡克（Bob Hooker）、社區領袖厄爾．霍頓（Earl Holton）和我的兒子狄克負責，那是當時大湍市一次最大規模的募款；已故的佛瑞德．梅耶爾（Fred Meijer）和他的妻子李娜（Lena）提供主要資金。這個心臟中心以先進的設備、技術高明的人員和優質的治療而聞名。大湍市第一宗心臟移植手術是在2011年於梅耶爾心臟中心進行。這個中心吸引了世界一流的心臟專家，所以，大湍市可望繼續成為世界級的心臟疾病治療地點。

醫院合併利大於弊

在梅耶爾心臟中心之後，海倫．狄維士兒童醫院於2011年1月11日開幕。路易士．托馬提斯醫生（Dr. Luis Tomatis）一直為了在大湍市設立一家兒童醫院而奔走，最終成功讓史派克特倫醫院增建兒童與婦女大樓，於1993年開幕。雖然這兩者似乎是合理的組合，但是經過幾年之後，明顯地兩者各有所需，最好能夠擁有單獨的大樓。由於兒童病患人數不斷增加，這幢大樓已無法再容納所有前來治療的病童。托馬提斯醫生開始再度尋找足夠的大樓來專門治療兒童，一家專為病童量身打造，完全適合兒童的醫院。由於原先的兒童醫院已冠上狄維士的姓氏，他想我們或許願意再次資助。我們很樂意，不過這一次我說，我希望它能命名為海倫．狄維士兒童醫院。我們的孩子也同意，並一同提供主要資金。托馬提斯醫生負責推動各項事務，於是密西根街丘（Michigan Street Hill）上出現了這棟藍色大型建物，兒童們能夠在此繼續接受專家的個人化醫療。

回想起來，我認為我在醫療領域最自豪的成就，不是興建大樓，而是加入大湍市區巴特沃斯醫院（Butterworth Hospital）董事會，從而展開人生一個嶄新時代。巴特沃斯醫院是本市兩大醫院之一，另一家是布拉傑特醫院（Blodgett），兩家醫院較勁意味濃厚，導致大湍市的醫療服務與採購沒有效率。當布拉傑特醫院的金主開始討論，要蓋一棟新大樓的時候，我問當時巴特沃斯醫院的院長比爾·岡薩雷茲（Bill Gonzalez）說：「你覺得把這兩家醫院合併起來如何？」

「嗯，」他說，「你不是第一個提出這種主張的人。」

我說：「我知道，但是我們為什麼不再嘗試看看呢？」他說，如果我真的想要試試看，他會配合。於是我回答：「我們做吧。如果成功了，這或許會是我們做過最有意義的事。」首先，我說服巴特沃斯醫院董事會支持我；然後，布拉傑特醫院董事會主席提出他們的意見和他的人員，雙方展開了磋商。但在還沒有什麼進展時，聯邦貿易委員會便對這件合併案有意見，他們認為這可能讓大湍市出現醫療壟斷。由於同一社區的兩家醫院合併，必須獲得聯邦貿易委員會許可，我還前往密西根州首府蘭辛去出庭作證。

聯邦貿易委員會的代表問我：「你是主張競爭與自由創業的人，為何你不要這兩家醫院彼此競爭？競爭可以壓低成本。」我說：「你說的沒錯……如果這兩家彼此競爭的醫院屬於不同機構的話，但它們不是。這兩家都是公立醫院，都屬於大湍市的人民。如果合併了，也不會有壟斷問題，因為同樣是公立醫院。」我們勝訴了，合併後的醫療體系名為史派克特倫。

成功的社區營造

多年後，本案的主審法官在他自己的書裡，有一章寫到醫院合併的情況。他詳細地描寫：「醫療院區和醫療品質的成長——大湍市的醫療費用調漲程度並未高於其他醫院，可是醫療品質提高的程度，卻高於其他醫院。」大湍市的醫療品質變好了，這是因為我們能夠招攬的醫生素質提升了，而且這個地區愈來愈多人開始來這裡接受治療。

我非常感激大湍市區再造的順利進行，以及全體市民的支持。如果無法得到大家的支持，你有再好的創意也是白廢。我學到了，想讓人們朝著一個目標前進，往往只需要有人表達意願及提供協助。杰和我很高興能夠培養出社區的施予文化。

現在，若是新搬來大湍市的人問我說：「我要怎麼認識人？」我會說：「找最近的募款人，買一張入場券。人們知道你是一名施予者，你就會認識一整桌的新朋友。」當然，我是在開玩笑，但這個訊息很明確：如果你希望自己的人生豐富，你需要學習付出——金錢、時間或協助。每個人都有能力付出。付出是一種喜悅，施予者也是主角，而不只是旁觀者。

我不僅學會享受付出的喜悅，同時也學會表彰施予者的社區精神、領導能力和慷慨建立豐富人生的文化。

第十五章 美國公民

我一直熱愛美國，自認是一位愛國者；然而，我卻因為宣揚自由、自由企業和對國家的愛而飽受批評。安麗草創初期，因為公司名稱以及紅、白、藍三色的標誌，有人指責我們拿美國國旗來包裝公司和產品。1970年代我發表「推銷美國」的演說時，愛國主義在許多人看來已經變得落伍及「老土」。美國人不好意思在球賽開始前起立及唱國歌，經過國旗時也不再自動把手放在胸前。當時和現在都有一些人質疑我為何如此堅貞愛國，以及大力倡導自由和自由企業體系。或許這些人從沒真正感念過，美國獨立及開國元老們簽署獨立宣言（保障人們的生命、財富和神聖的榮譽），及制定美國憲法以來，無數先人為了保衛我們享有的自由所做的犧牲。

大家要記得，我這個年齡層的人曾被徵召入伍去打第二次世界大戰。希特勒、史達林和東條英機對我們仍栩栩如生，因為我們經歷過他們活著的年代（儘管史達林時期的蘇聯在二戰時站在美國這一方）。我上中學時，希特勒的空軍一直在轟炸英國。很顯然，他的目標是要占領英國，然後渡過大西洋來擊敗美國，他便能夠把美國納入不斷擴大的帝國之中。希特勒被視為美國的頭號敵人，日軍在珍珠港偷襲美軍，然後歐洲也捲入戰爭時，英國迫切需要美國協防，才能抵禦希特勒對他們生存的威脅。

白天在學校裡，夜晚在家裡晚餐時，我們都在討論這個世界是否會被德軍和日軍占領。大家很清楚，一定要打贏二戰，否則將會失去一切。每一天報紙都在報導，哪些地方打了勝仗或敗仗，或者歐洲與太平洋收復了哪些地方，美國被視為抵抗暴政的最後防線。

不惜代價捍衛自由價值

中學那幾年，戰事愈演愈烈。我知道自己一滿十八歲就要入伍，所以還在高中時我就自願加入陸軍航空隊，畢業三個禮拜後就收到兵單要報到入伍。每一個體格健全的十八歲男生，在家鄉沒有重要工作者，都要自願入伍或者被徵召入伍。

先前曾談到，我在準備搭船到太平洋戰區的半途，二戰就結束了，不過我還是被派到太平洋的小島天寧島，這裡距離關島大約有一百英里遠。由於天寧島的美軍基地距離東京有一千三百英里遠，美軍專門設計及建造B-29轟炸機，以執行往返天寧島及東京的任務。B-29轟炸機在天寧島空軍基地裝載炸彈飛往東京，同時希望可以返航。由於這個地區沒有其他島嶼，可以讓轟炸機在半途緊急降落，我們損失了一些飛機和人員。

美國正計畫攻打日本本土，天寧島基地被指定為撤離受傷士兵的據點。可是，在還沒攻打日本本土之前，「艾諾拉・蓋」號轟炸機便裝載原子彈由天寧島起飛，於是，這個小島為接收可能因攻打日本本土而受傷的十萬名美國軍人所做的準備，便不再被需要了。我被派遣到那裡執行拆除及清理任務。

戰後，在美國與蘇聯的冷戰時期，蘇聯擴大了共產帝國。古巴自1959年起實行共產主義，那一年杰和我創辦了安麗公司。當時我們非常擔憂，尤其是在獲悉蘇聯已在古巴部署核子飛彈，可以輕易地攻擊美國時。當時的蘇聯領袖赫魯雪夫（Nikita Khrushchev）警告美國說：「我們會埋葬你們。」

除了擔心核武攻擊，美國甚至還有人預言，自由企業及美國風格已死，共產主義即將席捲全世界。我們目睹共產主義在世界蔓延，心中明白那些人根本不明白共產主義及其獨裁者到底有多邪惡。但我們知道，因為杰和我親眼看到共產主義造成的毀滅與奴役。

這便是我愛國心的源起，以及我何以堅持必須不惜一切代價捍衛自由，才能享受想要的生活。因此，我站出來發言，發表「推銷美國」的演說，鼓勵美國同胞相信及了解美國的偉大，並且說明我們國家政治與經濟制度的價值與優點。

參與政治事務

當我們在對抗威脅生活方式的獨裁者時，現今的美國人大多數都還沒出生。或許現在的人已不再認為那種威脅真實且急迫，可是出生在那個年代的人都心知肚明——邪惡勢力仍然存在。

做為一個愛國的美國人，我支持我認為最符合美國利益及美式生活風格的政治候選人。我第一次重大的政治參與，是協助當時的國會議員福特（Gerald R. Ford）。我和福特十分熟稔，因為他是我們選區的議員，安麗早期的各項活動他幾乎都有參與。我們還有他在一項大型剪綵活動擔任特別來賓時的照片。他甚至和我們一同推薦安麗的第一個噴霧劑產品系列。福特看著安麗公司成長，那些年杰和我也在政治事務上與他合作。我們也和蓋・凡德・賈格特（Guy Vander Jagt）合作，他是安麗公司西邊選區的議員。我與賈格特合作募款，因為他負責募款好幫助更多共和黨員進入國會。我們和其他人成立一個募款機構，名為「共和黨國會領袖議會」（RCLC），以促進民間參與捐款和募款。我們只是小額募款，但積少成多，況且，我們希望吸引民眾提高對共和黨以及政治的興趣。當時是雷根（Ronald Reagan）時代，老布希（George H. W. Bush）則擔任副總統。在雷根總統兩任任期之中，副總統賢伉儷很大方地時常招待我們這個團體。

杰和我支持雷根競選總統（老實說，在1980年黨內初選時，我是支持布希的）。我們的支持並不是直接捐款給雷根陣營，而是在發行量大的新聞雜誌刊登全頁廣告。我們個人跟競選陣營並沒有任何關聯，但杰和我支持雷根的自由企業理念。我記得，我們是唯一刊登此類廣告的人，這在當時是一種新的政治概念。杰和我希望安麗直銷商和他們的客戶知道，我們支持雷根，並且期待他們也能支持他。那是合理的假設，廣告或許也吸引了不少選票。杰和我同時認為，廣告可以進一步幫助安麗直銷商去體會，自由企業對他們成功的重要性。

與美國總統的情誼

我與賈格特的關係，促使雷根總統任命我擔任共和黨全國委員會的財政主席。回想起當時情況，我覺得在接受那項職務之前，應該多加了解才對。

我才一答應，我就明白我在安麗公司實在太忙了，根本抽不出時間來，這樣我變成有了兩份全職工作。那是我在一開始就犯下的兩項嚴重失誤的其中一項。第一，我無法全職工作。第二，我接任時做出兩項建議：在捐款人會議上設立現金付款的吧台（如果沒有的話，飲料都要用黨部經費去支付），以及剔除掉那些「剩閒人」(不做事只領乾薪的顧問)。

我認為我們出去幫共和黨候選人募款，卻在自己身上花那麼多錢，實在沒道理。我真的認為應該要用明智的方法，但我的兩項假設都不被接受。慷慨的捐款人或公司會接受募款活動的邀請，但通常不會親自參加，而是派代表來，這些人期待的是免費「大吃大喝」；而「剩閒人」其實很活躍，不論有沒有做事，他們都不想少領錢。

我接任主席時曾說過：「我從未向這個政府的任何人要求過任何好處。我做這份工作是因為我相信共和黨的理念：自由與自由企業，以及所有美國人民的個人權利。保障這些理念是我的首要動機。」此外，我還要求看財務報表，我說，如果我了解運作細節的話，就能更有效率的募款。但我的要求被拒絕了。

我們由小額捐款人募到不少資金，RCLC的成員和我都想要為小額捐款人舉辦活動，因為他們是支持共和黨的活躍選民，應該用某種方式加以表彰。但這個想法也無法做到。

我在任內很努力做事，也學習了不少，但是當反對力量逐漸壓過支持力量時，我就知道該辭職了。

但是，我並未放棄政府或是公民應盡的責任。我在華府結交了一些朋友，也爭取到一些政府官員贊同我的立場。雷根總統要籌組愛滋病委員會的時候，賈格特建議我加入。他設法將我還有其他人列入委員名單，總統於是任命我們組成該委員會。

我加入愛滋病委員會，以及為共和黨擔任募款人的期間，我和雷根總統建立了很好的交情。他會在白宮東廂跟委員會的成員談話。在會議前，我有好幾次曾私下和他聊天。

雷根總統就職一週年時，我在華盛頓特區的希爾頓飯店，主持一項大型募款活動。身為活動負責人，我和雷根總統、布希副總統和他們的兩位夫人，一同待在貴賓休息室。當時只有我們五個人在房裡，等著雷根總統上台向這場大型的、入場券銷售一空的活動的來賓講話。雷根總統剛剛被一個全國新聞電視台修理，他真的「氣炸了」（他本人的用語），抵達休息室時仍火冒三丈。他和第一夫人南茜，副總統賢伉儷，還有我，大吐苦水。美國總統表露他的真性情，這是很少人有榮幸親眼看到的。

在認識美國總統，並且和他們私下相處之後，你會明白他們也只是平凡人，關心和擔心的事情都和你我一樣。他們關心的是保護這個國家及其自由，關切的重點是如何為國服務。我們需要更多這種人進入政府。

知所進退的重要性

2001年，海倫和我承諾協助設立費城「國家憲法中心」（National Constitution Center）。《費城詢問報》（*Philadelphia Inquirer*）一名記者在報導我們的承諾時表示：「他們的目的是為了愛國，而不是政黨。」這個博物館開幕以後，海倫和我又做了一次捐款，並且計畫維持贊助。幫忙所有的美國人，尤其是年輕人，了解及感謝美國憲法，對海倫和我而言意義重大。我們為了讓美國人了解這個國家如何一路走來，並且激發對享受自由的感恩之情，進行了漫長的努力，憲法中心便是其中一項。《費城詢問報》說的沒錯：我們的參與是愛國舉動。政府和國家如今充斥黨派鬥爭，但在我看來，愛國心卻不充足。

我們需要提醒美國公民，以及政府的民意代表，美國憲法代表的意義及其內涵。由家鄉做起，安麗開始重新激發美國直銷商對自由企業、美國價值觀，和政府原則的了解。我們甚至在美國第一任總統喬治·華盛頓（George Washington）的故居維農山莊（Mount Vernon），舉辦了一次高成就安麗直銷商的會議。該次活動極為成功，許多人更加了解喬治·華盛頓在美國開國所扮演的角色，他既是位將軍，也是一位政治家。立國之初，美國便擁有全世界最偉大的成就紀錄，但是，美國的生活方式未能在更多國家得到複製，我們應該感到警覺。美國公民的責任是去了解真相，不只是支持的候選人所代表的地區和國家利益，還有他們對國際事務的立場。我們都應該對國際大事的歷史有充分了解，這個國家才不會重蹈覆轍。

我在國家憲法中心遇到的人，都了解美國歷史，但許多美國人不知道。我們不太清楚美國歷史，為何寫下憲法的開國元老要說出那些話。舉例來說，很多人可能不知道喬治·華盛頓只擔任兩任總統便告老返鄉，而當時甚至還未修改憲法以限制總統任期。他相信做兩任總統便已足夠，美國需要別人來擔任總統，俾以昭告世人，這個新國家在推翻君主憲政的箝制之後，已是個不折不扣的民主共和國。他並不貪戀總統權力，他只是想為國做事，然後返回故里。

此後，美國不斷成長，政府一直擴大規模，民選官員在任期屆滿時，愈來愈急於進軍華府，而不願返回故里。競選連任已成為重頭戲，太多國會議員逐漸習於不對棘手議題採取明確立場，這些議題或許有利於國家，卻會害他們在下一次選舉時流失選票。他們發現坐上或靠近權力大位是如此令人上癮，許多人盡可能地競選公職，甚至即使早已任期屆滿，也依舊留在華府。他們成為華府大型公司的律師或遊說人士，因為那裡才有搞頭。對某些人來說，為民服務已變成一趟自大之旅，無法輕易放棄。

杰和我有一天談到這方面的問題，我們的結論是任期限制正是解決的答案。我們成立一個委員會，聘請已故總統艾森豪（Dwight Eisenhower）的兒子約翰・艾森豪（John Eisenhower）擔任主席。這個過程並不順利，在全國推動尤其困難，可是我們在好幾個州成功通過任期限制。然而，州政府無法決定全國參議員或眾議員的任期——這需要修改憲法。最後，我們只得滿足於在州政府獲得的進展。

為美國價值觀奮鬥

當時在華府生活的成本並不便宜，至今依然昂貴。福特被尼克森總統任命為副總統時，雖然他已經擔任了多年的國會議員，還是身無分文，更指望副總統的第一份薪水來支付房貸，以及撫養四個已是大學生年齡或快要上大學的子女。儘管他的薪水足以過活，卻不夠退休。卸任總統之後，他在全國性企業擔任董事，做為收入來源。現在，進入美國國會服務已成為一項薪水豐厚、福利優渥的職業，但這種生涯只有在任內才能維持，所以必須花很多時間、精力和金錢競選連任。至今我仍然認為，沒有任何全國民選或任命的官員可以永久擔任一項職務，每一項公職都應該有明確的任期限制。

自從創辦安麗以來，美國國會通過許多法律和法規，讓我懷疑今日還有沒有人可以複製安麗的成功。加稅造成了他們的損失。人民自由在許多方面都愈來愈受限制。人們逐漸依賴政府救濟，黨派之爭已侵蝕了生活幾乎各個層面。美國不再被世人視為「山丘上的閃亮城市」。

放眼海外，我們看到歐洲經濟頹圮，那是因為政府債務和人民過度依賴政府福利；在中東，一些人為了民主而奮戰，卻受到目標正好相反的人們反對；非洲國家和其他地方擁有良好的氣候、富饒的天然資源以及積極進取的人民，卻受到貪腐獨裁者和政府的阻撓。

那麼，美國人民該如何做出必要的改變，以適應全國和全球局勢，並且仍然維持先天與後天的自由？這當然沒有簡單的方法，但是身為公民，必須隨時保持警覺，防範我們珍惜的價值觀和自由遭到侵犯。美國人民必須成為受過教育、資訊豐富的公民和選民，選擇真正是人民公僕的民選官員；他們必須接受公職責任，將國家利益置於個人利益之前。各種族與政黨內的誠實與忠誠的人民，應該肩並肩為正確、真實與可造福後代子孫的價值觀奮鬥。

第十六章 來自內心的希望

過去這十七年我之所以還能活著，是因為倫敦一位心臟移植名醫，答應為我做心臟移植手術。七十一歲那年，我必須做心臟移植才能活下去，可是美國每一家移植醫院和醫生都拒絕了我的要求，主要原因是我年事已高。至今我仍活著，除了因為那位倫敦外科醫生，也是因為在緊要關頭找到了符合我需要的完美捐贈者。感謝上帝回應我的禱告，我得以繼續享受生命。對於我存在於這個世上，上帝必然有其計畫和目的。我相信這是祂讓我生命存續的原因，這點我一直牢記在心。

幾年前，家人為我心臟移植十五週年舉辦了慶祝活動，大家都很感慨我在接受救命手術之時，許多孫兒都還幼小，甚至還沒出生。他們有些人來跟我說：「爺爺，我差點就見不到你了。」更重要的是，我差點就見不到他們，無法看著他們長大成人。

我還想到，假如沒有得到新的心臟，這些年就什麼事都做不成了。在這段期間，我們興建了海倫・狄維士兒童醫院，擔任狄維士會議中心捐款人與募款人，並且在大湍市中心蓋了萬豪飯店。我的母校，大湍市基督教高中，如今有了狄維士藝術中心和禮拜堂，全體學生首度可以一起聚會做禮拜，以及展現在劇場和音樂方面的才華。

我很開心的是，那座禮拜堂的大廳，展示了一輛當年杰和我一起上學時所駕駛的同款福特A型敞篷車，做為我們建立友誼的紀念。我移植心臟後所做的其他事情，包括興建密西根州霍蘭德市希望學院一座新體育館；大湍市醫療大道上的醫療辦公室；大湍市喀爾文學院的通訊研究大樓；以及國家憲法中心的一座展示廳。我講這些不是要吹嘘，而是因為我很感激我曾經如此接近死亡，然而上帝讓我多活了好幾年來工作，所以我要回報祂所有的恩典。

身體出現異狀

其實早在必須移植心臟好多年之前，我就有了心臟的毛病。我罹患了「暫時性腦缺血發作」（TIA），醫生跟我解釋這是中風或心臟病的前兆。遵照醫生的建議，我改採有益心臟健康的飲食，同時服藥以降低膽固醇指數，每天做運動。即使如此，我也明白無法逆轉或阻止心臟疾病惡化。在那次小中風後，我在檢查時發現幾處血管阻塞，並被告知要去找醫生商量。但是我沒有，而是和孩子們在週末時參加了一項美國國慶日帆船比賽，由密西根湖航行到密爾瓦基。我擔任船員，正當我在下甲板推動船帆時，感到一陣胸痛。我意識到自己出事了，抵達密爾瓦基之後打電話給我的醫生，他說：「馬上搭機回家，我得看看你。」

我的醫生路易士．托馬提斯評估了數項檢查的結果，然後說：「這個假日好好休息，但假期結束後你必須開刀，才能預防心臟病發作。」

接著他進行了手術，我安然度過了八年。但在那八年間，我的冠狀動脈持續發生阻塞，1992年12月初，我發生了一次大中風。醫生讓我在數日後穩定下來，然後把我送到克里夫蘭醫院（Cleveland Clinic）去裝置心臟血管支架，在當時那還是一項新技術，很少醫院使用。我在一個禮拜五夜晚抵達，托馬提斯醫生要求外科當天晚上就做手術。

外科主治醫生說：「這麼辦吧，我明天一早就動刀，如果他還活著的話。」

手術很成功，可是在我中風時，右側心臟早已壞死，所以，我必須注意健康和活動。此後我走不了多遠便會感覺疲勞；我必須定期回診抽取體內的積水，因為心臟已無力將體液輸送到全身。在抽取積水後，我的身體會減輕十二到十五磅（約5.4—6.8公斤）的重量。

1992年初我發生一次腦中風，由於體力耗損，心臟狀況又大幅限制了我的活動，我辭去安麗總裁職位，要求長子狄克接棒。這也是我的福分，因為狄克接班以後，我對於事業的未來不再感到壓力。可是，我必須接受生活方式突然間受到嚴重限制。我走不到五十英尺（約15.24公尺）便會感覺疼痛，必須坐下來。

我的心臟科醫生瑞克．麥納馬拉（Dr. Rick McNamara）說：「你的心臟正在逐漸衰竭。」到了1996年底，他和托馬提斯醫生把我和海倫找去，告訴我們，如果我想活下去，就必須做心臟移植。

那真是晴天霹靂。我一直忽略自己的病況，走路踉踉蹌蹌的，也走不多，無法做什麼事，但我一直假裝什麼事都很正常。可是，人生無法如常，我需要一顆新的心臟。

關鍵在家人支持

每件事都要預先安排，這是我未曾經歷過的情況。托馬提斯醫生在兩、三年前便已聯絡過每一家美國移植中心，詢問他們是否考慮為我移植心臟。除了年紀以外，我發生過腦中風、心臟病，又有糖尿病，是移植手術的高風險族群。除此之外，我的血型還是罕見的AB型陽性，使得適合的捐贈者人數銳減。可是托馬提斯醫生說，他認識的一位倫敦心臟外科醫生願意見我。馬格迪．雅庫爵士（Sir Magdi Yacoub）是哈爾菲爾德醫院（Harefield Hospital）的胸腔心臟外科醫生，以先進的移植研究而聞名，而且是位技術高超、備受尊敬的移植外科醫生。托馬提斯醫生說，他是我的唯一機會，但是雅庫醫生要先見過我，才肯收我這個患者。雅庫醫生有我的病歷，也了解我的病況，但仍想先和我見面。我的兒子狄克兩年前便已經到過倫敦和他會面，把我的病歷交給他，並請他考慮把我列為移植候補。

我記得在耶誕節快到的時候向兒孫們宣布，我們要去倫敦等待新的心臟。我無法告訴他們任何細節，只能把醫生跟我說的話告訴他們。海倫和我很樂觀地跟大家說：「我們要去倫敦等待新的心臟。」上帝使我們對這件事極為樂觀，如今回想起來，我都十分訝異，因為這其中有太多問題了。在我了解捐贈心臟和配對的複雜性之後，我才真正明白，醫生能跟病人說他們已等到一顆新的心臟，有多麼困難。醫生和病人都只能懷抱希望。

我們抵達倫敦後，雅庫醫生問我的第一個問題是：「為什麼你想活下去？你已經活了很長一段時間了，」他說，「你有圓滿的生活。為什麼你想要活得更久？」

我告訴雅庫醫生：「我有一個好太太，四個乖巧的子女，我要為他們活下去，我還有一大群孫兒，我想看他們長大。我想要盡一切所能幫他們成家立業。」

我現在明白，雅庫醫生是要藉此判斷我是否有意志力，可以撐過這次大手術和康復。我是否有必要的條件？是否有支援？是否有家人？是否有人關心我，我是否有關心的人？我後來明白，那是撐過這種手術的必要條件。你想要活下來，不只跟心臟狀況有關，還有你的意志，以及對上帝的信心。有了家人和朋友一直為我禱告，我明白自己獲得了我需要的力量。

等待器官捐贈的日子

在這次會談之後，雅庫醫生檢查了我的心臟，儘管他已知道所有該知道的事。然後，他看著我說：「好的，我會看我能做些什麼。」這就是我們在等候的話。我問了心中最大的問題：「你想我們多久才會找到捐贈者？」

他說：「我不知道。或許一個月，或許下禮拜，或許明天，或許要六個月。你是候補名單上的最後一個，排在英國公民後面。不要跑太遠，我要你隨時待在距離醫院一小時的地方。每個禮拜過來做檢查一次，好讓我們知道你的狀況，確定情況還可以。」

因此，每個禮拜一，海倫和我會到醫院去給指派的心臟科醫生看診，他會監督檢查，向我們說明每項檢查結果，管理我的治療。這些檢查顯示，我的心臟右側壓力不足。這表示，我的捐贈者除了要符合我的罕見血型之外，還要有強健的右心臟。

我們開始等待心臟捐贈者。

五個月過去了，在一個禮拜一的早上，我們接到醫院打來的一通電話，叫我們早點過去，因為他們可能已經幫我找到一顆心臟了。我的心臟科醫生獲悉一名女士到醫院來想做肺臟移植。這位女士不僅血型和我相同，而且由於她的肺不好，心臟功能受影響之下，右半邊變得十分強壯。

醫院當天早上打電話來，是因為醫生已經為她找到了一名捐贈者，而我也會因此得到心臟。在這些手術中，捐贈者的肺臟通常會和心臟一起移植，減少排斥機率。這表示，當她接受心臟及肺臟移植之後，她的心臟可以捐贈給我。她之前已同意，在這種情況下把心臟捐給我。顯然這個日子已經到來了。海倫還記得她聽到直升機抵達，送來這位女士需要的心臟和肺臟。醫生檢查器官之後，她被送進手術室去移植心臟和肺臟，我則在隔壁的手術室等待，把她的心臟移植到我身上。

我被告知，她的心臟才離開她的身體二十到三十分鐘，就已經換到我的胸腔內跳動了，而且此後一直很順利地運作。後來有人說：「等待心臟時一定很辛苦。」可是，海倫和我每天早上都會讀《腓立比書》（Philippians）第四章，我們最喜愛的經文，帶著信心和平安過下去。

移植手術成功

我知道這或許很難相信，可是海倫和我從未真正有過失望的一天。我們真心相信「上帝的時機是完美的，祂不犯錯」。即使我愈來愈衰弱，我們依舊相當忙碌。四個子女當中至少有一人會陪伴我和海倫，有時子女會和他們的配偶，或者全家一起陪伴我們。

現在很難形容，那個禮拜一早上醫院打電話來說我可能有心臟時，我和海倫有多麼高興。我們帶著複雜的心情前往醫院——放鬆、興奮、希望和喜悅。當抵達醫院時，他們說：「萬事就緒。我們要準備為你做手術了。」

首先，我被打了一針，我確定裡頭有抗焦慮的成分，因為我的心情開始變得很好，而那是在我即將要接受大手術的情況下。我記得躺在推床上要前往手術室時，一名心臟科醫生走過（他的白頭髮常常豎起來，我總是開玩笑地說他需要理髮）。經過他身邊時，我從推床上坐了起來，再次跟他開玩笑說：「嘿，醫生，你需要理髮！」

手術後，我從麻醉暫時醒過來時，我看到一些家人在我病床邊。兒子們記得我說的第一句話是：「感謝上帝。」隨後我做了一次感恩的禱告，讚美主。我完全不記得。那次禱告必然來自我的靈魂深處，因為當我知道自己還活著時，我做的第一件事就感謝主。

其他家人也趕來倫敦，在飛行到大西洋上空時，他們在飛機上聚在一起，跪下來祈禱手術成功。等他們降落時，他們得到通知說手術進行順利，在到達醫院時，手術已快要結束。托馬提斯醫生也搭那班飛機過來，一直陪伴在我身邊。他每天到醫院來為我加油打氣，麥納馬拉醫生也是。醫院後來讓麥納馬拉醫生看我的舊心臟，他說：「你的心臟完全衰竭。我無法相信它還能讓你活著。」

復原過程最困難的部分是服藥。我要吃藥才能防止身體排斥新的心臟。手術後幾天的劑量很重，害我做了好幾場驚悚而詭異的惡夢。夜晚時，我會夢到各種東西。有一次我看到自己變成一個小矮人，在大湍市，就在大河沿岸的洛威飯店（Rowe Hotel）旁邊。我是個侏儒，因為我沒有雙腿。我記得，我坐在床上往下摸，確定雙腿還在。翌日，我真的叫人來我床邊，再檢查一遍！

還有一次，我看到自己在一個紙箱裡，奇怪的是，那是在我們佛羅里達州的住家附近，往北方漂流。我手邊有電話，於是在順著灣流漂移時，我打電話求救，說我被沖離沿岸了。這些夢境十分嚇人，而且真實。事實上，它們讓我極為緊張，我想盡辦法不要睡覺。我會坐在輪椅上，找人推著我在醫院裡逛，就是想要保持清醒。

重獲新生，勇於接受挑戰

有一天，我躺在床上時，雅庫醫生來巡房。看到我躺著，他厲聲問道：「你在床上做什麼？」

我回答說我也不知道，可能是累了或什麼的。

「離開病床，」他說，「我在你身上冒了險。你是高風險的病人。我冒險做了手術，希望你能撐過來。」

我說：「感謝你。」

他說：「那就拿出實際行動。你沒有理由再躺著不動，除了你自己的恐懼以外。你可以做你想做的事。起床去做吧。」

那是一項挑戰，卻是好的挑戰。我仍然以為自己有心臟病，可是他要我明白，我現在已經有了一顆新的心臟，可以去做我想做的事了。我在醫院療養兩個禮拜之後，一定是變得有些沮喪，但是雅庫醫生叫我起床，於是我決定要起床去活動。那天我活力充沛。

我同時對身體可能排斥新器官感到恐懼。起初，我有些焦急。經歷漫長等待及極小的機率，在找到心臟及手術成功之後，我害怕在經歷這一切後，如果身體排斥新器官，就全都完蛋了。在排定做切片檢查排斥跡象的前一晚，我失眠了。我甚至想要親眼看著醫生從我的心臟截取組織。

「你在看什麼？」他問我。

「我想要看你剛從我身上取出的組織是棕色的還是紅色的。」

他說：「事實上，最好不要是白的。萬一是白的，你就有麻煩了。白色表示組織裡沒有血液。」

起初，我每個禮拜都要做一次這種檢查，然後每隔一個禮拜檢查一次。幸好，我一直沒有發生排斥問題，但仍需要終身服用抗排斥藥物。

接受上帝恩典，努力回饋社區

哈爾菲爾德醫院建立於一次世界大戰時期，原先是做為肺結核療養院。醫院沿著街道做彎曲設計，好讓每間病房由前窗吹進空氣，由後窗吹出去，所以它只有一間病房的寬度，像一條長龍般蜿蜒。後來增建室內水管時，每隔幾間病房就有一間浴室，但對我來說，這路程卻像四分之一英里路那麼遙遠。

我移植心臟之後沒多久，我展開「長途步行」走去浴室，一名女性病患從門後探頭出來問我說：「你是上個禮拜二移植心臟的嗎？」

我回答：「沒錯。」

她說：「你移植的是我的心臟。」

於是我說：「感謝妳！」並給她一個擁抱。住在醫院的期間，我們彼此見過幾面，我去做十年檢查時，又看到她一次。我後來知道，在那之後一年還是兩年，她死於癌症。她原本想要當個歌手，夢想灌錄唱片，我有能力幫她實現這個夢想。她是個很好的女士。但我對她的生平所知不多，從不曾真正認識她，因為我們在不同國家各自展開自己的新生活。

我心臟移植的另一項了不起成果是，海倫和我得以結識一些心臟外科權威，並且禮聘他們來到大湍市的醫院。雅庫醫生屆滿六十五歲時，依照規定必須自英國國家醫療服務體系（NHS）退休。但他很聰明，還有許多可以貢獻的地方，於是目前他在史派克特倫醫院的梅耶爾心臟中心移植部門擔任顧問。不論是以研究能力，還是以他進行過的移植手術數量來說，雅庫醫生一直是心臟移植外科的權威。

早期的移植手術，心臟的供給很充沛，又有很多人等候，雅庫醫生和艾司格·哈卡尼醫生（Dr. Asghar Khaghani）一天可以做三次移植。他們跟我們說，他們會在做完一次移植後小睡一會，然後清潔手術室準備下一項手術。現在，雅庫醫生一年會前往大湍市的移植中心好幾次，哈卡尼醫生則主持該中心。他們一名來自英國的同事，現在任職於我們的兒童醫院，他被公認為世界頂尖的醫生之一，我們很榮幸能聘請到他。透過這些醫生的影響力，其他專家也紛紛加入，不僅增強了醫療人員陣容，也豐富了整個醫療體系。

我很感激我的心臟移植成功，以及之後上帝幫助我完成的許多事。我對於手術對我個人、家人及社區的後續影響，既訝異又感謝。

第十七章 上帝國度的冒險

當我心臟逐漸衰竭，在倫敦等候移植時，我仍然對未來保持積極及樂觀。在無法保證新的人生篇章之下，我依然有夢想，我想這就是我的天性吧！即便是我嚴重的心臟問題，也無法阻止我擁有夢想、目標和計畫。它們讓我不斷前進，讓我只看到人生好的一面，而不是擔憂壞的一面。

因此，在等待新心臟的同時，我也一面在準備我最新的夢想——航行環遊世界。我不想煩惱我的健康情況，而是專心於設計新的帆船。我打算乘著那條船去環遊世界，這不僅讓我保持樂觀的展望，同時也讓我實現了一項偉大的新冒險。

在等待心臟的五個月期間，我都在構思那條船，包括內裝設計、要蓋幾間艙房、風帆的組合以及材料的種類和製造商。船長會來倫敦見我，我們一起討論，把船的規格寫下來，還有環球之旅的航線和時間。每個禮拜，不同的家族成員來探病時，海倫和我便與他們講帆船設計的進展，所以，孩子也有機會享受這個過程。

有一次，我跟我的兒子德說：「費了這麼大的功夫，我或許無法活著去搭那條船。」他開玩笑地回答：「沒關係。你的孩子用得著。」我沒有不耐煩又緊張地等待心臟，反而忙著設計這條船，心平氣和地夢想著南太平洋航行。

環遊世界的壯舉

等我完成心臟移植出院時，那艘船已大致完工了。船還在船塢時，我們在甲板上舉辦了一個盛大派對。我們在義大利維亞雷喬（Viareggio）舉行下水典禮，一架載滿親朋好友的飛機由大湍市飛過來出席，還邀請了一些歐洲友人做為來賓。

那艘船漂亮極了。我們將它取名為「獨立」號（*Independence*）。這是一艘雙桅船，意思是主桅在前，後桅較低。「獨立」號有一面主帆、尾帆和艏帆，最高航速可以超過十節，以帆船來說算快的。帆面雖大，但全部是自動捲帆，只要使用電動絞盤即可在十分鐘內升降。「獨立」號是艘美麗的船，但擁有這艘帆船的真正美妙之處是，它讓我們有機會航行到世上各個地方。我們這趟航行由義大利到加勒比海，然後經過巴拿馬運河，前往加拉巴哥群島（Galapagos），最後橫渡南太平洋到達馬克薩斯群島（Marquesas）。它們在地圖上只是一個小點，卻是美麗又遙遠的法屬群島。從那裡，我們往南探訪大溪地（Tahiti）和波拉波拉島（Bora Bora），法屬玻里尼西亞的小島。「獨立」號有十名船員，包括船長和大副、兩名服務員、一名廚師和甲板水手，他們每天清潔船隻，洗刷鹽分，駕駛小艇送我們上岸或者任何我們想去的地方。我的三個兒子和我都懂得駕船，因此我們輪流掌舵。「獨立」號有十二間艙房，所以我們總是可以邀請家人和朋友參加航行中不同的旅程。

我們家人愛上了南太平洋和遙遠的小島。這些環境很適合孩童，平靜清澈的瀉湖適合游泳。這些瀉湖有水道，船隻可以通過，停泊在平靜的水中，遠離太平洋的大浪。

例如，在馬克薩斯群島，子女和孫子女們在一個淺水的圓型大瀉湖游泳，它有好幾個水道。退潮時，水就從那裡流出。低潮時，一些較大的孩子會帶著潛水裝備，攀在水道壁上，看著水道口的鯊魚，這些鯊魚在那裡等著潟湖裡的魚被沖向大海。孩子們喜歡在南太平洋透明清澈的水裡潛水及浮潛。在太平洋航行之初，海倫學會了浮潛，她很開心地記得在水面漂浮，能夠看到她的一些子女和孫子女背著水肺，潛在她的下方。其實她也有一點擔心，因為海床上有一些小型鯊魚，但我們從沒發生過意外。

結交航海同好

我們也會認識及結交其他旅行者，他們有時已航行了數個禮拜，甚或數個月的航程。我們會下錨在同一個潟湖或停泊在同一個港口，拜訪彼此的船隻。有人可能會在晚上駕船經過，喊叫說：「帶菜到我們船上來吧！」想去的人就會帶著菜餚到他們船上，分享晚餐和故事，結識來自世界各地的人們。他們通常是兩人或者三人一起航行，因為是小船，人員也很少。

相較於我們所遇到的大多數航海者，「獨立」號算是相當大型的船。於是我們有時會成為他們的飲水或冰塊供應商，因為這些小船大多都沒有發電機，或是製造飲水和冰塊的設備。我們因為這個方式認識了許多人，和他們在晚上聊天，或者請他們過來喝點東西，聽他們的冒險故事。我們聽說了他們為何展開航行，以及為什麼會想要在如此浩淼的大海航行。

「獨立」號最長的一段航程，是由加拉巴哥群島到馬克薩斯群島。這趟航程長三千英里，中途沒有停靠站，為期大約兩個禮拜。在小島之間的短時間航行中，我們忙著看電影或玩遊戲和看書。早餐分開吃，但午餐和晚餐大家會一起吃。我會坐在兩個孫兒中間，訓話幾句，他們以後或許用得著，但都不樂意聽。這是旅行中的美妙家庭時光，可以做些他們以前沒有做過或想過的事。

在停泊時，我們大多會把帆捲起來，定錨。很少地方有船塢，所以下錨後，要再搭小艇上岸。我們通常會受到當地島民的歡迎。在斐濟，我們必須獲得島上首長同意才能上岸，還要為他準備菸草及卡瓦根（kava root）做為禮物。他會叫人把卡瓦根磨成粉末，有人會把粉末倒進布袋，或用手壓汁到碗裡。這種飲料會讓舌頭和嘴唇發麻，喝的人會昏昏欲睡，這是斐濟當地替代酒精的飲料。

在斐濟群島上岸時，是當地首長迎接我們。他是官方的親善大使，並負責檢查文件（要有斐濟總統簽發的文件才能登上小島）。我們探訪了斐濟最東方的一些外圍小島，那是巡航的船隻無法前往的，除非有申請總統的特別文件。斐濟想要限制這些小島的觀光業，俾以保護他們的文化。我們前往斐濟首府取得了文件。

這些島嶼位在浩瀚大洋的中央。我跟一名斐濟當地人說：「今年有多少船來拜訪你們？」

他說：「喔，有很多呢。」

我說：「真的嗎？大概有多少呢？」

他說：「三艘。」

看到孩童準備上學，穿著制服去搭「校船」，真的很有趣。幼童在島上接受教育，較大的孩子則到鄰近島嶼去上「合併」學校。

跨文化衝擊

斐濟的島民雖然與世隔絕，但都十分友善。他們會講英語，因為斐濟原先是英國屬地，所以我們待在這裡時，可以和他們交談，認識他們。我們了解他們的需求，便要求加入這段航程的客人，帶來他們不再穿或者孩子已穿不下的二手衣和鞋子。他們都很慷慨的回應，等我們上岸時，那情景就像耶誕節一樣。袋子馬上就清光了，所有物品都分發一空；每當我們重返時，看到他們穿著這些衣服，我們也欣慰地微笑。

有時我們會受邀去用餐，那真是極為特殊的招待。第一次受邀是在參加教會之後的禮拜日晚餐。我們抵達時，熱騰騰的餐點都準備好了，因為在上教堂的時間，這些食物一直在主人屋後地上的爐子裡烹煮著。甜點是用彎刀剖開椰子，讓我們喝清甜的椰子水。

第二次受邀是在福拉加島（Fulaga）。我們停泊的很靠近，因為聽說當地人擅長木雕，我們很想去參觀，並且購買當地藝品。所以我們坐上小艇，準備好荷包。一群人在那裡大肆採購了一番；做為回報，我們被邀請留在島上吃晚餐。

這頓晚餐是眾人合作的成果，在看起來像是「社區中心」（基本上只有屋頂和地板）的地方舉行。首先，一名婦女小心地將一塊長方形的彩色布料鋪在地板。後來我們才知道，那就是餐桌桌巾。時間到了以後，身分合適的人被請來與我們家人一同進餐，我們都坐在桌巾上，一碗又一碗的食物端上來。我們是被請來吃飯的，卻沒有看到叉子，所以都在觀望當地人怎麼做。他們用手指抓起飯菜，直接就著手吃。當他們明白我們不熟悉這種吃法之後，有人去找來一些不成套的盤子和叉子，我們才能吃飯。我們吃的菜是他們種的，魚是他們捕的，但是我們完全認不出吃的是什麼東西。和這些大方的人相處的時光很有趣，這也成為我們最喜愛的跨文化冒險。

來自太平洋的友誼

福拉加島東方大約五百英里，是拉烏群島（Lau），當我們抵達時，一名「使者」說，首長想要見我們。我們急忙上岸去見他。這很不尋常，莫非我們做錯什麼事了？

「你們沒有來跟我報備，」他發出不尋常的迎接詞。「這個島上有其他長官，另外兩個小村子有長官，但我是大長官，我的村子是最大的，你們沒有來跟我報備。」

於是我們去了其中一座小島的教會，並慷慨地捐款。那座教堂的牧師顯然是來自這位長官的島嶼，所以捐款的事傳了開來，這位首長顯然是想為他的人民爭取福利。

每個村莊的中心廣場都是教堂，村莊圍繞教堂興建。禮拜日早晨，大家都穿戴整齊。這些人很窮，但所有男人都打著領帶，穿著熨得平整的白襯衫。牧師在蘇祿裙（sulu）之外，穿上一件西裝外套。婦女和孩童也都穿戴得很正式。一家人進入教堂後，學齡男童一起坐在左邊長椅，其餘家人則另外坐在別處。

唱詩班的歌聲動人極了。還有一名「執法者」，就是一名男性教友拿著一根長棍在走道上走來走去。如果小朋友交頭接耳或者打瞌睡，他就從走道上探身進去，用棍子輕敲他們。執法者同時負責記錄捐獻時間的收款。一些特別的教友在被唱名時，會由中央走道走到悄然布置好的一張桌子，捐出他們的捐獻，坐在桌後的出納便會如實記在帳冊上。他們請觀光客也加入，所以我們都會捐獻。

我們的朋友會問：「我該捐多少？」我會回答：「你捐再多都可以。他們很窮，如果你想捐一百美元，那麼就給他們一百美元。因為你或許不會再來第二次了。」斐濟人民從未忘記我們，因為我在會晤首長時，總是給他的教會捐獻一百美元以上。他會收下，核對金額，然後遞給他右側的人員，那個人又檢查一遍，再傳給第三個人。這些舉動是為了讓我們明白錢會交到它歸屬的地方。如果邀請他們到「獨立」號上，他們會興趣盎然地參觀，也很有禮貌，但從未顯露出絲毫嫉妒之意。他們似乎對自己的生活方式感到怡然自得。

我們一家人都愛上太平洋，因為這裡有天然的美景和友善的人們。我們三度造訪斐濟，並且再次探訪許多以前去過的島嶼。有些人認得我們的船，看到我們抵達後，他們會來歡迎說：「你們要來參觀我們的村子嗎？」通常我們下次航行時會重遊舊地，我們會看到上次拍攝並送給他們的照片掛在牆上，或者是我們留給他們的雜誌彩色內頁。他們喜愛我們留下來的雜誌，就算他們沒有讀那些雜誌，還是把它們派上用場了。

在回想這些航行時，我明白美國與許多其他地方比較之下，是那麼的先進。南太平洋有著極為單純的島嶼經濟。在此地要取得飲水和食物是很困難的，可是，人們都很和善，在這些島上待過之後，我明白每個島嶼都有其獨特的魅力。「Bula vinaka」（你好）是傳統的斐濟問候語。觀光客很容易就能學會，而且在各種場合都管用。

冒險的心永遠都在

在繞過澳洲北方之後，我們進入印度洋，來到塞席爾（Seychelles）西方，這個美麗群島就在非洲東岸，有個首府都市和完善的機場。我們還前往南非開普敦（Cape Town），繞過好望角，此地在水手間向來以嚴峻天氣而聞名。每隔四天，風就由南極吹來，風速高達每小時六十到七十英里。即使我們把船停泊在開普敦的港口，有些夜晚，風速達到每小時六十英里的大風，還是會讓「獨立」號搖晃得很劇烈。有一晚就吹起這種大風，船傾向一側，我記得當時我們在看的電影正好是「天搖地動」（The Perfect Storm）。

「獨立」號的航行，印證了我這一輩子對冒險的信念，以及體驗遙遠地方與不同文化人們的價值。回溯到我和杰還是男孩時開車到蒙大拿，還有結伴到南美洲旅行，我記得這些經驗讓我們的心胸變得更加開闊。

早年杰和我開車到加州紐崔萊公司的時候，會在山區停下來滑雪，這對我來說是一種新體驗。我們測試自己的能力，然後決心展開航海冒險。初為人父，我便鼓勵家人去旅遊，以體會世上陌生的地方。我還想到父親的好奇心與熱愛冒險，他總會看著地圖上他只能夢想去探訪的地方。我覺得很幸運，能夠親自去實現他的冒險。

冒險讓我們面對或許永遠無法想像的可能性，幫助我們對自己的能力建立信心，鼓勵我們去了解，即使別人的生活與自己大不相同，他們的需求和想望跟我們並無不同。我們住在同一個星球，我們和別人都應該對這個世界充滿好奇，分享文化和經驗，敬畏上帝創造的這個偉大世界。

我們和斐濟的人結交，雖然我們是乘著大船到訪的富裕美國人，卻也能和這些生活簡樸的人一起做禮拜，分享禮拜日晚餐。儘管他們物質貧乏，卻能享受豐富的人生。

回想這趟航海冒險，我對世界之大及自然之美感到震撼。我覺得很幸福，能夠體驗如此的美景。在汪洋之中，繁星之下，這些島嶼只是地圖上的小點，這種體驗另有一種精神層面的意義。我總是感歎這個美好的世界以及世上的人們，在文明生活中，人們深受工作時程表的牽絆，依賴科技，住在極為舒適便利的家裡，很少人有機會，甚至有念頭，想去體會及欣賞世界的廣大與它的美好，以及航行時那種孤獨與寧靜的單純愉悅。我非常喜歡遇見那些活著就是為了冒險的人，他們獨自乘著小船在汪洋大海之中前進。現在，很少人願意離開舒適圈，去體驗超出日常作息之外的冒險。我相信能夠這麼做的人，正是具有動力與膽量，讓整個社會與文明不斷前進的人。

第十八章 謹守承諾

安麗與相關企業在2012年的銷售額，達到一百一十三億美元，創下連續第七年銷售成長。其中最主要的市場有很多是前共產國家，包括中國、烏克蘭和俄羅斯，他們從未夢想過有一天可以享有自由經濟的機會。2013年，安麗公司分別在美國、中國、印度和越南興建新的製造工廠。目前，紐崔萊已是全球首屈一指的維生素和健康食品品牌，約占安麗事業營收的46%。

儘管有著如此輝煌的成就，我們仍受到一些人士的批評，因為他們無法理解安麗的事業模式。所以，我非常感激這些年來始終陪伴我們的直銷商——杰和我創立安麗公司時就加入的早期紐崔萊團隊，在加拿大、美國聯邦貿易委員會官司與各種負面輿論纏身期間不離不棄的直銷商，還有世界各地那些不受本國政府質疑，仍然追隨安麗的人們。

今日，這些人當中已有數百人成為百萬富翁，數萬人成為成功的直銷商，數十萬人增加了收入，得以幫助自己和家人；他們為自己的生活負起責任，具有積極的態度，希望透過自由市場機會發揮潛力。全球數百萬人如今有這個機會，都是起源於兩名年輕人體認到人們的潛能，並且明白人類精神中，天生渴望追求「更美好的事物」。

人生成功基礎：價值觀和好友

「做夢都想不到」或者「超乎最瘋狂的想像」這些話，都不足以形容五十年前的情況以及安麗爆炸性的成長。我很驕傲杰和我打從一開始就專注在幫助所有人，給他們一個機會。這一直是安麗今日能在國際上創造成功的祕訣。

回想起來，我想用一個詞來說明我的感受，那就是「感謝」。我感謝上帝不僅祝福我們事業成功，還有我的家庭興盛；我感謝自己出生在美國，得以享受自由；我感謝自己的基督教信仰；感謝教會我尊重每個人的各種影響；盡職負責，體驗辛勤工作的報酬，以及明瞭堅持的力量與無限的潛能。

這些都是我終身的信念，而且從未動搖過。

這些是我具體的價值觀，並不是因為我頑固或者從未考慮過其他觀點。這些原則經過時間考驗，成為我人生成功、圓滿及喜樂的基礎——不只我獲得回報，其他許多人也同樣得到回報。我包容其他信念，但我無法反駁對我而言正確的原則。

回想起第一章談到我的童年，我感恩自己生長在擁有雙親和兩個妹妹的家庭，還有家族的支持，包括祖父母，表親和親戚。家族的親戚都有工作，從未想過要等候失業救濟。我不了解政府津貼或者任何其他獲取收入的方法。家裡教導並鼓勵我去工作及接受教育。我在家裡學會辛勤工作的原則，父親總是在修補物品及做事，同時敦促我自己創業。

然後，我遇到一個男孩，他被教導相同原則，也具有相同背景，於是我們一起合作。有些人天生擁有才華，卻從未加以開發。或許當他們的母親說「今晚去念書」時，他們會跟媽媽頂嘴，而不是乖乖聽話。但唯有學會重視「工作」和「教育」的人，才會成功。

這一切都要回歸到教養、家庭和態度。蒙上帝祝福，我誕生在雙親健在的家庭，還有一個擁有勤勞工作傳統的大家族；這最早可回溯到我祖父母那一代，他們都是移民，他們想要為將來的子女提供更好的機會。

永遠支持安麗

我有四個子女、十六個孫子女和兩個曾孫兒，生活中最感欣慰的莫過於家庭和家人。我和海倫的第一間房子蓋在一個山丘上，可以俯瞰一條河流。雖然這棟房子後來也曾改建以配合需求，它依舊是我們的家，我和海倫在此一起成長及養兒育女。孩子們在附近時總會過去看看，即使有所改變，他們仍然把這棟房子當成長大的家，六十多年來它一直是海倫和我的家。

當然，想要建立一個美滿的家庭，首先要有美滿的婚姻。2013年2月，海倫和我慶祝結婚六十週年，這些年來我們一直很幸福。回想起剛開始交往的時候，我想我是有些不安分，太過草率。我們斷斷續續的約會，我猜海倫覺得我有些太狂放及前衛。可是，我們總是在一起。我覺得她實在是很幸福，也把早年的情況視為理所當然。我和海倫的婚姻就像一般的婚姻，也生了四個健康的小孩。這些年來，海倫和我才明白我們有多麼幸福——當你年輕時，根本不知道自己有多麼幸福！

孩子健全地成長、結婚，給我們生了十六個孫兒。現在，我們還有了曾孫。兩歲的曾孫女會跳上我的膝頭，叫我「曾祖父」。或許別人聽不懂她在講什麼，我可聽懂了！

我也期望安麗公司繼續成長，雖然它已不再是把凡事視為理所當然的年輕人！我最近被人提醒說，安麗必須成長。董事會開會時，一名董事提議修改作業方式，以節省數百萬美元的運送成本。我沒禮貌地說：「我不在乎。我不需要更多的錢。」

「沒錯，」他說，「可是我需要。」這句話說得太好了。他需要安麗繁榮興盛，才能同樣發達。我說：「是的，先生。你說得對，我錯了。」安麗必須強盛及獲利，才能吸引人們加入。如果安麗不成長，直銷商們就沒有機會成長，不只收入停滯，機會也減少。為了明日的員工和直銷商，今日的安麗必須要成長。今日才創業的直銷商需要知道，我們會支持他們，他們擁有相同的機會。我跟子女們說：「你們永遠都要用成長模式來經營這個事業。」安麗仍然是我人生的重要一部分——考慮策畫、參加活動、定期演講。我喜歡這樣。

教育下一代信仰的價值

我同時保持除了安麗之外的興趣。為了支持對美國與自由企業的熱愛，我與數個團體合作，設法讓這個國家為更多人變得更好更繁榮。如同安麗一樣，國家也需要成長。如果國家不成長，人民就無法成長。許多人並不這麼想，他們對現狀感到滿足與快樂，可是這還不夠好；這無異於扼殺下一代。安麗也是抱持同樣的想法。我們需要機會讓人們成長及發達，並鼓勵別人也這麼做。

國家、教會、企業都是這樣。增進國家財富的唯一方法，就是增進國家的商業發展，如此才會創造更多財富。社會主義在歷史上從來行不通，那為什麼要逼迫美國走上那條道路？這一點道理都沒有。我希望美國遵循良好的成功模式，所以和志同道合的人士一起合作。

多年來，我的基督教信仰和捐贈始終堅定不移。

基督教會和基督教育體系是捐贈的優先目標。海倫和我主要專注在基督教信仰、社區、政治和國家計畫。家族的基金會則主要提供資金給有意義的活動。加總起來，我們家族已捐贈了數百萬美元，但若政府大幅調高稅率，我們就很難大手筆地捐贈。如果政府拿走了，我就無法施予；但我喜歡施予。我的捐贈可以讓金錢得到更好的運用，勝過政府。

我依然努力想讓美國歸正會與歸正福音教會合併，許多人都贊成這個主意，現在這也已成為他們活動的項目之一。數個教會和組織都在推動合併；我也想要幫忙推動美國和海外的教會事務。由於教會的頹敗，基督徒已失去見證的能力。接受基督救贖的人數並沒有增加，而這是教會最大的責任。我們並沒有做好這項工作。

許多教會領袖看到教友人數下滑，就說他們不擅長招募新教友。我告訴他們：「你最好學會，否則教會就要衰敗了。」如果某個安麗團隊無法持續增加人員，我會跟這個團隊說，他們快要失敗了。教會也面臨著相同的挑戰。

鼓勵所有人完成夢想

我依然扮演著啦啦隊長和鼓勵者的終身角色，希望給我的孫輩和曾孫輩帶來正面影響。年輕人才是未來，身為永恆的樂天派，我相信今日的年輕人有能力打造成功的未來，但他們需要已經成功的人的指導。例如，我看到安麗協助人們教導他們的子女工作。許多參與安麗事業的父母，他們的小孩都學會如何安排一場會議，或者在門口迎接客人。有些早期直銷商的孩子，如今都成為了第二代直銷商，第三代馬上就要出現了。他們是會討論這些事情的家庭，並認為這對子女的成長至關重要。

我同時鼓勵我的孫兒接受比我更高的教育，取得大專院校學位，甚至碩士或博士等高級學位。他們需要在更高水準競爭。我曾跟一名孫女說，她必須念完大學才能跟她的兄弟姊妹與表親們在同一個等級。她開玩笑地說：「爺爺，你怎麼曉得？你又沒念過大學。」我說：「所以我才會曉得這點很重要！」現在有的孫兒在念密西根一流大學的醫學院和法學院，其他人也都已經或者正要完成大學學士學位。

海倫和我跟所有孫兒都很親密，他們偶爾會來找我尋求一些指導與鼓勵，因為我是他們的鼓勵者。創辦一家企業，開創你自己的人生，或是成立一個家庭，都需要很多的力量與勇氣。你必須持之以恆的投入及打拚。

父母應該要幫忙子女，學習盡責與工作的價值。我們應該關懷子女，教導他們如何溝通，負責讓他們受到合適的教育，幫助他們了解自己的人生處境。父母應該要知道子女交什麼朋友，每天都到什麼地方去，確定他們有好好做學校作業，盡全力栽培他們。

只有了解還不夠。有一晚我跟佛羅里達州一個團體談話，有人講起他們的孫兒都不常打電話給他們。我說：「你多常打電話給你的孫兒？」現場一片死寂。我說：「電話可以接聽也可以撥打，你知道的。」孫兒很忙，我們也覺得自己很忙，要互相保持聯繫並不是那麼容易。我時常打電話，但現在的孩子有時很難找到人，因為他們甚至已不再接聽電話。那我們需要學習發簡訊，才能傳達訊息嗎？我試過了，但我的手指實在太粗了！這些都是不設法保持聯繫的藉口，於是，我又拿起電話撥打。

電話遲早會接通的。

「你可以做得到！」

這些年來，我許下很多承諾，並傾畢生之力設法維持承諾。在二戰最黑暗的時期，身為畢業生代表，我在畢業典禮發表致辭，表達對美國未來的樂觀看法。我答應杰，要一起做朋友和事業夥伴。我向海倫發誓，要做她終身忠貞的丈夫。杰和我要求人們相信我們並不尋常的紐崔萊事業和產品，並在創辦安麗這項新事業時加入我們。在演說中，我以無比信心讚揚自由企業和美國風格的前途。在安麗開始成長時，父親教誨我一定要遵守對員工和直銷商的承諾，他的這番話我一直銘記在心。

我還必須信守對全世界數百萬人的承諾——安麗將不斷成長並提供持續成功的機會，家人現在也和我一起維持這個承諾。我有信心許下這些承諾，因為我是永恆的樂觀者，永遠充滿希望。

我人生中的許多成就，都是因為我謹守承諾。唯有在以引導人生，而且不會因環境改變而動搖的真理做為基礎，我們才能做出及維持承諾。有一句古諺說：「流行的不一定是對的，對的不一定流行。」不論人們怎樣批評，生活方式如何改變，政黨輪替，以及主導社會輿論的人士怎麼說，我都努力去做對的事。輿論、趨勢和風潮來了又去，但我從來無法反駁樂觀、毅力、相信美國與自由企業、基督教信仰、愛家庭、對自己和他人盡職，以及尊重每個人等道理。

這些簡單的信念和價值觀，多年來幫助人們創造成功的人生。遺憾的是，許多人已不再認為它們是當然的道理。我很感謝上帝在我的人生中灌輸了這些真理，並且讓我能夠學習及體會它們的力量。我尤其感激，因為這些祝福，我能夠去幫助世界各地的眾多人，讓他們也能體會上帝安排的圓滿人生。我猜這是祂讓我成為啦啦隊長的原因——讓我的人生使命是看到人們最好的一面，並且鼓勵他們。

最近為了策畫向我致敬的活動，家人請我的朋友提供最能表達我這個人的故事。這些故事打動了我，尤其是下面這一則，由我的友人托馬提斯醫生提供，一個孫子在活動上講述的故事：

「祖父和托馬提斯醫生前往華府去拜會衛生部長，討論如何促進器官捐贈。那天下著大雪，加上剛發生911恐怖攻擊沒多久，警戒非常森嚴。汽車不准停在距離大樓半英里的距離內，必須步行過去。他們搭乘大廳裡的電梯，其他人都在談論惡劣的天氣以及在雪中行走的事。電梯裡有一個人坐在電動輪椅上，因為大家都在拿天氣開玩笑，這個人說在這種日子，他的輪椅真的需要安裝附有雨刷的擋風玻璃。

出了電梯以後，他們走在走廊，爺爺轉頭看著坐輪椅的那個人，發現他的眼鏡因溶雪而有溼氣。爺爺知道那個人是四肢癱瘓，無法拿下眼鏡，便表示想替他把眼鏡擦乾。他由口袋裡拿出手帕，小心翼翼地把他的眼鏡擦乾。接著再把眼鏡戴回那位男士的臉上，還用食指輕壓眼鏡，固定位置。『這樣可以嗎？』爺爺問。那位坐輪椅的男士回答：『很好，謝謝你。』

托馬提斯醫生後來回憶說：「我是個醫生，身後還跟了個保全人員，但我們卻沒有注意到那位男士四肢癱瘓或需要協助，也沒有伸出援手。理查不但注意到了，而且很快便明白這個人的困境，用慈愛的方法去幫助有困難的人。」

我天生喜愛與人們相處，我知道安麗成功的關鍵在於看到人們最好的一面，認同他們是上帝的子民，視每一個人為獨特的個體，並且相信他們。我同時相信，這是家庭、國家、社會和人生美滿的關鍵！

最後我送給大家做為我成功關鍵的兩句話：「做個人生豐富者」和「你可以做得到！」

心理勵志 BBPG004B

單純信念，富足心靈
安麗創辦人理查．狄維士的人生智慧
Simply Rich
Life and Lessons from the Cofounder of Amway

國家圖書館出版品預行編目(CIP)資料

單純信念，富足心靈：安麗創辦人理查．狄維士的人生智慧 / 理查．狄維士(Richard DeVos)著；蕭美惠譯. -- 第一版. -- 臺北市：遠見天下文化, 2014.12
面； 公分. -- (心理勵志 ; BPG0004)
譯自 : Simply rich : life and lessons from the cofounder of Amway: a memoir
ISBN 978-986-320-573-9(精裝)

1.狄維士(DeVos, Richard M.) 2.企業家 3.傳記 4.美國

490.9952 103019235

作　者 — 理查．狄維士
譯　者 — 蕭美惠

總編輯 — 吳佩穎
責任編輯 — 賴仕豪
封面．美術設計 — 吳靜慈（特約）

出版者 — 遠見天下文化出版股份有限公司
創辦人 — 高希均、王力行
遠見．天下文化 事業群 董事長 — 高希均
事業群發行人／CEO — 王力行
天下文化社長 — 林天來
天下文化總經理 — 林芳燕
國際事務開發部兼版權中心總監 — 潘欣
法律顧問 — 理律法律事務所陳長文律師
著作權顧問 — 魏啟翔律師
地　址 — 台北市 104 松江路 93 巷 1 號 2 樓
讀者服務專線 — 02-2662-0012 ｜ 傳真 — 02-2662-0007, 02-2662-0009
電子郵件信箱 — cwpc@cwgv.com.tw
直接郵撥帳號 — 1326703-6 號　遠見天下出版股份有限公司

電腦排版 — 極翔企業有限公司
製版廠 — 東豪印刷事業有限公司
印刷廠 — 祥峰印刷事業有限公司
裝訂廠 — 精益裝訂股份有限公司
登記證 — 局版台業字第 2517 號
總經銷 — 大和圖書書報股份有限公司　電話／(02)8990-2588
出版日期 — 2021/10/22 第二版第 1 次印行

定價 — NT$450
4713510942864
書號 — BBPG004B
天下文化官網 — bookzone.cwgv.com.tw

天下文化

BELIEVE IN READING